武侠编程

李开周 / 著

U0222967

化学工业出版社
· 北京 ·

图书在版编目（CIP）数据

武侠编程 / 李开周著 . — 北京：化学工业出版社，
2023.3

ISBN 978-7-122-42790-8

Ⅰ.①武…　Ⅱ.①李…　Ⅲ.①程序设计 - 青少年
读物　Ⅳ.① TP311.1-49

中国国家版本馆 CIP 数据核字（2023）第 022605 号

责任编辑：罗　琨　　　　　　　装帧设计：王　婧
责任校对：边　涛

出版发行：化学工业出版社（北京市东城区青年湖南街 13 号　邮政编码 100011）
印　　装：三河市双峰印刷装订有限公司
710mm×1000mm　1/16　印张 14½　字数 213 千字　2025 年 3 月北京第 1 版 第 1 次印刷

购书咨询：010-64518888　　　　　售后服务：010-64518899
网　　址：http://www.cip.com.cn
凡购买本书，如有缺损质量问题，本社销售中心负责调换。

定　　价：48.00 元

开场白：编程让生活更美好

第一章　给电脑下命令

第二章　帮侠客做计算

第三章　控制语句，三招两式

第四章　函数和计算的本质

第五章　写出人人能用的程序

开
场
白

编程让生活更美好

2018 年暑假，我 8 岁的儿子迷上了打游戏。

老师每天在班级群里布置的作业，他要么不写，要么少写，要么唰唰唰地乱写一通，然后赶紧拍照"交差"，以便能腾出时间打游戏。

我带他做户外运动，他要么不去，要么拖延，要么找个借口提前离开，为的也是能够赶紧回家打游戏。

对于一个小孩子而言，打游戏的时间太长，不仅学习成绩会下降，还会影响视力，注意力也会受到影响。但是如果想把一个孩子从游戏里"拯救"出去，真的不太容易。

观察周围，我们会发现，不止孩子沉迷游戏；还有不少成年人也沉迷于此，他们不愿做家务，不愿管孩子，甚至不愿去工作，只愿天天打游戏。只要给他们一箱方便面和一款大型网络游戏，他们可以连续一个月不出门，而完全忘记在这个世界上需要承担的责任。

但我并不认为游戏带给我们的全是负能量，能让大人和小孩无忧无虑地打游戏，正是现代社会不断发展为我们每个人提供的美好福利之一。但是，如果毫无节制地玩游戏，那游戏就成了戕害我们的"毒品"。所以，我觉得，应该由人类掌控游戏，而不是让游戏掌控人类。

怎样才能让人类掌控游戏，而人们又怎样才能从游戏陷阱中拔出腿来呢？有一个至今看起来还算有效的办法——去了解游戏的内核。

无论网络游戏还是单机游戏，无论电脑游戏还是手机游戏，无论平面游戏还是 3D 游戏，其实内核都是一堆代码，即由程序员编写的计算机代码。程序员用计算机"听得懂"的语言设计指令，这个过程叫作"编程"，而当一个孩子学会编程以后，他就会不由自主地站在一个更高的位置看待游戏，然后才有可能更加容易地摆脱游戏对自己的控制。

道理非常简单：假如我们试图战胜一个很难战胜的敌人，必然要先去了解敌人，正所谓"知己知彼，百战百胜"。

所以，在 2018 年那个暑假之后，我决定开始教儿子学习电脑、学习编程。

我先让他熟悉键盘；再陪他看完了一整套少儿电脑入门视频（网上有很多这类视频，出版社在过去 30 年当中也制作过很多这类产品）；然后就开始带他学习一款非常适合小学生入门的编程软件——由美国麻省理工学院（MIT）开发的少儿编程软件 Scratch。

我和儿子一起学了一年的 Scratch，到 2019 年暑假，才开始学习真正的编程语言。当时选的编程语言是 Python，因为 Python 很流行，并且越来越流行；更重要的是，它还比较简单，能够迅速让初学者获得成就感，因为成就感才是学习的最佳驱动力。

然后是 2020 年、2021 年……我和儿子利用周末和假期，断断续续地学习 Python，隔三岔五地编写代码。学习效果如何呢？到我儿子上初中的时候，终于可以独立编写一些能在生活中用到的小程序了。那他是否还在打游戏呢？是的，但不再是痴迷游戏，而是在学习和运动累了以后用游戏放松一下自己。事实上，他偶尔还会自己动手编写游戏，编写那种非常简单的单机版游戏，用来向他的小伙伴们炫耀；同时，我也不得不承认，他在编程方面缺乏悟性，没有做程序员的天赋。

当然，我也没有把孩子培养成程序员的计划，毕竟连我自己都不是程序员。我是在大学期间才开始学习编程的。当时学习编程可不是为了摆脱游戏，而是为了挣钱。

请允许我在这里分享一下我学编程的经历。

那是在 1999 年，我上大学后的第一节计算机课上，老师向机房里的几十位同学提问：

"以前学过电脑的请举手。"

不到一半的同学举手。

"用电脑打过游戏的同学请举手。"

举手的同学超过了一半。

"从来没摸过电脑的同学有没有？"

我举了手，又放下，因为整个机房里只有我一个人举手。

在那节课上，我没敢碰任何按钮，唯恐弄坏了什么让我赔。课后我偷偷问旁边的同学："老师让移动鼠标，啥是鼠标啊？"

自那节课之后，我发奋钻研电脑，一是感受到了"别人都知道而我不知道"的压力；二是因为不久之后在报纸上看见一条信息——某公司招聘计算机程序员，月薪 5000 元。那时候的 5000 元在人们心中可是一笔了不得的巨款，够我交两年学费！于是我下定决心：必须得学电脑！尽快学会基本操作！尽快学会编程！将来也要挣这么多钱！

老师让同学们练习盲打。我没有电脑，也买不起那种单卖的键盘，于是干脆在纸上画了一个键盘进行练习。

老师教 Word 和 Excel 时对我们说，学会了通配符和正则表达式的学生将来会很抢手。于是，我去图书馆借了一本 Office 办公高级教材，背熟了上面所有的通配符。

2000 年我们开始上编程课，每两个星期才有一次免费上机的机会，平常想要上机练习，则要花每小时 1.5 元的费用租用电脑。我不舍得花这笔钱，就在纸上写代码，想象其实际运行的样子。后来的计算机考试，我是满分通过的。

仅凭课堂上学到的那点儿计算机知识是远远不够的，好在每所大学都有图书馆，而每座图书馆里都有各式各样的编程参考书。从 VB（Visual Basic）到 C++ 入门，从网页设计手册到数据库管理手册，我一本一本地借，一本一本地啃，看见很酷、很有趣的代码就先抄到纸上，然后找机会借电脑进行实测。

2001 年的下半年，我就已经可以凭自己的编程手艺挣钱了。我用 FoxPro（其实这是一款早已过气的数据库管理软件）写了一个挂库程序，还用 VB 写了一些能自动计算方差、标准差、相关系数，自动绘制关系模型的小程序，帮助做课题的导师节省了大量毫无意义的手算环节。导师没有让我白忙，有段时间按照每月 300 元的标准给我发补贴。

2002 年，我为一家勘测规划机构编写了一个平差计算器，可以把测量误差平均分配到图纸上。凭借这个小程序我得到了 600 元和一台即将报废的电脑，那可是我拥有的第一台电脑，一直用到了大学毕业。

我买了 1.44M 的软盘，把自己写的代码存到里面；后来还斥"巨资"买了一个 32M 的 U 盘，像宝贝一样挂在脖子上，经常被别人误认为是打火机，要借来点烟。

毕业以后，我被导师推荐到一家勘测单位上班，没有从事计算机行业。但我对编程的兴趣并未淡下来，当年学过的那点儿计算机知识，特别是编程知识，直到今天依然在发挥作用。

我母亲爱听戏曲，于是我写了一些"爬虫"脚本，能自动去相关网站上搜索可以下载的戏曲，批量下载到母亲的唱戏机里。

我的孩子在小学的数学课学习过程中要写大量的四则运算、分数运算，找出公约数和公倍数，计算各种几何体的面积和体积，而老师通常会要求家长检查这些课后作业并签字。为了减轻这些工作量，我编写了许多自动检查作业的小程序。

我自己的日常工作，包括写书、写专栏、写剧本，要查很多资料，要分析很多文献，一些科普类书稿还不可避免地涉及数学运算。怎么办？通过编程来提高效率，肯定最划算。比如，要在一部长篇小说里分析人物关系，就可以先导入一个自动分词的库函数，再用 K 邻近算法写一个分析器，最后用 Matplotlib 这样的三方库绘制出一张庞大但精确的社会网络。你能借助编程发现许多小说里原先很容易在阅读时被忽略的关键信息。

这本小书是继《武侠数学》《武侠物理》和《武侠化学》以后，我的第四本"武侠科普"类书籍。书中分享的编程知识都是入门级的，既没有涉及高深的算法，也没有涉及当前软件开发领域正在使用的种种框架。无论是小朋友还是大朋友，只要此前接触过电脑，只要知道什么是键盘和鼠标，就能读懂这本书里的大部分内容。

我希望你能耐心地读下去，我还希望你在阅读的同时，最好也上机写一写代码，特别是书里那些并不复杂的示例代码。因为编程是一项实践性极强的技能，光说不练是体会不到编程乐趣的。

最后，祝愿越来越多的孩子可以摆脱游戏对自己的控制，从此爱上编程。

第一章
给电脑下命令

让小红马动起来

在金庸先生妙笔创作的"武侠江湖"中，除了有武功高强的各路大侠，还有能力特异的各种动物。

比如，《神雕侠侣》中有一只神雕，在急流中陪伴杨过练功；《倚天屠龙记》中有一只生病的苍猿，给困在深谷中的张无忌送去了《九阳真经》；《天龙八部》中有一只吃毒蛇长大的闪电貂，帮助段誉和钟灵对付强敌；《射雕英雄传》中有一匹会渗出红色汗液的小红马，风驰电掣，疾如追风，屡次驮着主人公郭靖闯出敌人的重重包围……

现在我的面前就有一匹小红马。当然，不是真马，而是画出来的马。我打开扫描仪，把它扫描到电脑里，喏，就是这个样子。

小马很可爱，可惜是静止的，不会跑。我想让它动起来，该怎么办呢？

我的电脑里有许多工具，能用不止一种方法实现这个目标。

第一种工具特别常见，几乎所有的家用电脑里都安装了，它叫 PowerPoint，这大概是目前全世界的职场人士作汇报时最常用的软件，由微软公司开发，就在微软办公套装软件 Office 中。

点击"开始"菜单，打开"所有程序"，找到 Microsoft Office，点开，找到 Microsoft Office PowerPoint，把它打开，屏幕右下方会自动出现一个空白区域，空白区域上面是一大堆工具栏，工具栏上面是一条菜单栏（不同版本的软件，界面略有不同，但相似度很高，不难找到，下同）。

菜单栏上有一个"插入"按钮，用鼠标点一下，选择"图片"，在相关目录里找到小红马，把它放到空白区域，适当调整它的大小和位置。比如，用鼠标拖动的方式把它变小，拖到空白区域的最左侧。

再用鼠标选中变小的小红马，点击菜单栏上的"动画"，选择"自定义动画"下面的"添加效果"，从"添加效果"中选择"动作路径"，在"动作路径"里选择"向右"。见下图。

好了，现在设置完毕，播放本页幻灯片。你会看到——小红马动了，它从屏幕左侧滑到了屏幕右侧。

目前，市面上比较流行的办公套装软件并不只有微软的 Office，还有中国金山办公软件公司开发的 WPS Office，以及早期由美国 SUN 公司开发、现归 Apache 软件基金会（这是一家非营利组织）管理的跨平台开源办公软件 Open

Office，还有在微软 Office、WPS Office 或者 Open Office 基础上开发的其他办公软件套装。办公软件套装通常都包括 PowerPoint，所以 PowerPoint 会有许多样式不同的版本。但不论是哪个版本的 PowerPoint，都能用来设计幻灯片，也都能让小红马动起来。只不过，操作细节上会有一点点差别。

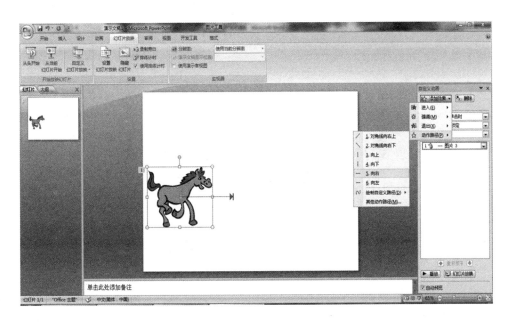

但不管怎么说，PowerPoint 并不是一款动画制作软件，它能实现一些简单的动画效果，却无法制作真正的动画。

真正的动画是用什么软件制作的呢？

曾经有一款火爆的动画制作软件——Flash，出生于 2000 年之前的互联网用户对这款软件应该比较熟悉，就算不会用 Flash 制作动画，肯定也看过别人制作的 Flash 产品，还很有可能在线玩过一些小型的 Flash 游戏。可惜的是，现在的智能手机系统往往不能兼容 Flash，很多主流的网页浏览器（例如 Google 公司的 Chrome）也不再支持 Flash 播放器，所以 Flash 衰落了。

我们不妨试着用 Flash 制作一个最简单的动画。

打开 Flash8（我用的是 Macromedia Flash Professional 8，即 Macromedia 公司开发的 Flash 专业版第八版，简称 Flash8），在菜单栏上点击"File（文件）"，选

择"New（新建）"，会打开一个"New Document（新文档）"对话框。

　　选择"Flash Document（Flash 文档）"，确定；再从菜单栏上点击"File"，找到"Import（导入）"命令，选择"Import to Stage（导入到舞台）"，从相关目录中找到小红马，导入到舞台上。

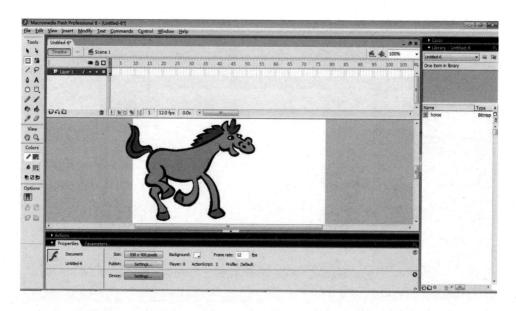

　　舞台左侧是"Tools（工具）"，其中有一个"Free Transform Tool（变形工具）"，可以将小红马调整到合适大小，然后把小红马放在舞台最左侧。

　　舞台上侧是"Timeline（时间轴面板）"，上面标注的阿拉伯数字表示静止图像的数量，术语叫作"帧数"。鼠标停在数字 70 那里点一下，单击右键，选择"Insert Keyframe（插入关键帧）"，数字 1 和 70 之间会出现一条黑色的实线。

　　舞台下侧是"Properties（属性面板）"，找到"Tween（补间命令）"，选择"Motion（动画）"，数字 1 和 70 之间的那条黑色实线会多出一个箭头，表示Flash 已经自动创建了一个动画。该动画实际上是由 70 幅静止图片组成的，称为"动作补间动画"。

　　点击回车键，播放动画，小红马将从舞台左侧滑到右侧。如果再选择"loop playback（循环播放命令）"，小红马就会不断地从左往右滑。

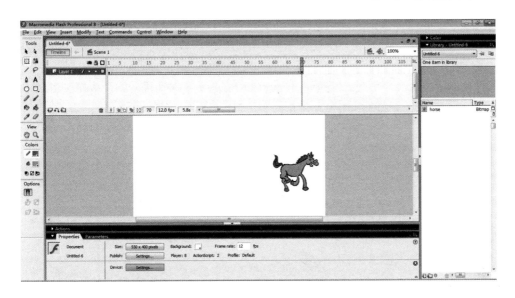

看到这个动画，你肯定会说：这太"low"了，小红马是"滑"过去的，并不是"跑"过去的，真正的动画应该呈现出逼真的动作，例如四蹄腾空、鬃毛飘动，地面上有尘土飞扬，最好还要有马蹄声。

其实，Flash 完全可以做出逼真的动作和音效，但需要我们进行复杂的前期处理：首先，将小红马奔跑的动作分解成几幅关键的画面，放进不同的图层；然后，用 Flash 自带的滤镜或者专业的图像处理软件 Photoshop 进行美化，再把合适的音效导入；最后还要反复测试和调整效果，甚至可能还要编写一些脚本命令。

这本书主要是讲编程的，而不是带大家学习动画设计，所以，现在你可以关掉 Flash，放弃刚才的动画制作。其实，Flash 已经过时，目前动画设计师们常用的工具是另外几款，如在三维动画领域声誉卓著的 Unity、3D 创作平台 Unreal Engine，以及在电影特效制作方面更加专业的三维建模动画软件 MAYA。

让小红马跑起来

MAYA、Unreal Engine、Unity、Flash，都是比较成熟的动画软件，需要先把它们安装到计算机的操作系统中，才能使用。若是出于商业目的使用这些软件，需要定期支付高昂的费用。例如 Unity 的加强版 Unity Plus 就是按月收费的，用户想用这款软件设计动画，每月要付几十美元，折合成人民币约三百元；MAYA 要更贵一些，目前 MAYA 正版在国内的授权使用费高达近万元每年。

那么，有没有免费又简单易学的动画软件呢？当然有，例如 Scratch。

Scratch 是一款由美国麻省理工学院（MIT）专门为少年儿童开发的简易图形化编程工具，我们可以用它制作一些既好玩又"听话"的动画。

那么，怎么给电脑安装 Scratch 呢？超级简单。在"百度"或者"必应"的网站页面搜索"scratch"，忽略掉搜索结果中那些五花八门的少儿编程培训广告，找到 www.scratch.com，它是 MIT 给 Scratch 开设的官方网站；进入网站，你会看见一条又宽又长的绿框，上面写着"Free Download"，直接点击后开始下载；根据提示一步步安装。见下图（可能由于网站更新，页面略有不同，后同）。

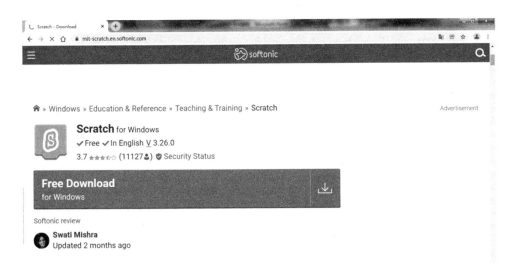

Scratch 还有一个中文社区，网址是 www.scratch-cn.cn。进入社区主页，在右上角找到"离线版下载"（见下图），点击它，按提示进行操作，可以给你的电脑安装一个无需联网就能使用的 Scratch。

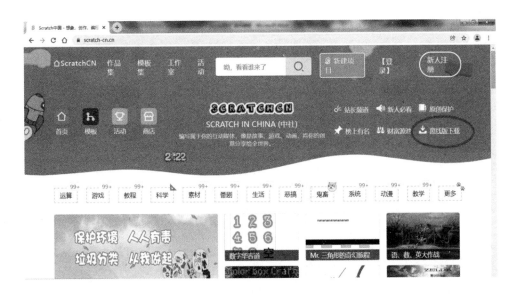

　　还有更简单的安装方式：通过软件管家之类的工具进行安装，或者从各种培训班的服务社区安装。但我必须强调的是，如果你不太了解安装过程的话，很有可能会在安装 Scratch 的同时，又安装了一大堆垃圾软件甚至电脑病毒，且都没办法清除干净。所以，不管安装哪一款软件，最安全的做法都是从其官方网站下载安装。

　　闲言少叙。假定你已经装好了最新版本的 Scratch，现在请打开它（下面的操作以 Scratch3 为例），通过它来驱动小红马。

　　打开以后会发现，软件窗口左上角是版本号：Scratch3.**.*（我使用的版本是 Scratch3.18.1）。版本号下面是一条蓝色的菜单栏，菜单栏左侧有一个带有经纬网络的简易地球符号。用鼠标点击那个符号，选择适合自己的语言，我们选择"简体中文"。然后你会发现，从菜单栏到下面的所有工具和命令，都变成了中文显示。

　　现在我们看看这个简体中文版的 Scratch。菜单栏下面分为左、中、右三大区域，左边是工具区，中间是编程区，右边是舞台区。舞台区有一只以站立姿态向右行走的小猫咪，它叫作"角色"（见下图）。只要拖动合适的工具，在编程区设计出正确的命令，角色就能按照你指定的方式做动作，甚至还能输出文字、发出声音以及完成计算。

Scratch 里面有很多角色。将光标移动至舞台区右下角那个蓝色圆圈里的猫咪头像上，就会自动蹦出命令："选择一个角色"。点击鼠标，弹出一个角色选择窗口，里面有动物、人物、奇幻、舞蹈、音乐、运动、食物、时尚、字母等。我们选择动物，里面有蝙蝠（Bat）、熊（Bear）、猫（Cat）、小鸡（Chick）、鸭（Duck）、狗（Dog）……其中，那只站立的小猫（Cat）是 Scratch 的默认角色；也就是说，每次打开 Scratch，都会有一只猫站在舞台区中央，等着你对它发号施令。

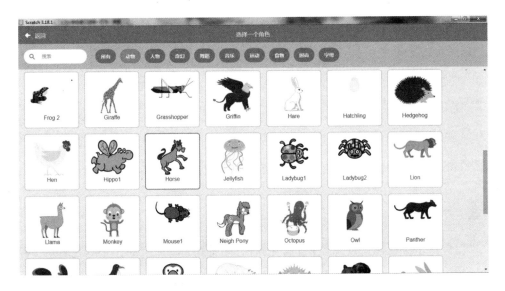

我们放弃选择小猫。把角色窗口的滚动条往下拉，找到 Horse，也就是那匹可爱的小马；双击鼠标，这匹小马立刻出现在舞台区中央。回到舞台区，选中猫咪，把它删掉，让小马单独留在舞台区。

现在，试着让小马动起来。该怎么做呢？过程非常简单：在左边工具区点击"运动"，找到"移动 10 步"命令，拖到中间编程区。点击该命令后看看，小马是不是动了？没错，你每点一次，小马就往右移动 10 步。

回到左边的工具区，点击"外观"，找到"下一个造型"，拖到中间编程区，紧贴着放在"移动 10 步"的下面；再点击鼠标，你会发现小马每往右移动一次，就会在"小步快跑"和"四蹄腾空"之间切换一次。很明显，只要小马移动和切换得足够快，它就能呈现出奔跑的动画效果。

再回到工具区，点击"控制"按钮，将"等待1秒"拖到"下一个造型"下面，改成"等待0.1秒"；在"控制"里找到"重复执行"控制框，拖到编程区，让它覆盖住"移动10步""下一个造型"和"等待0.1秒"等命令。最后去舞台区，用鼠标把小马拖到舞台最左侧。

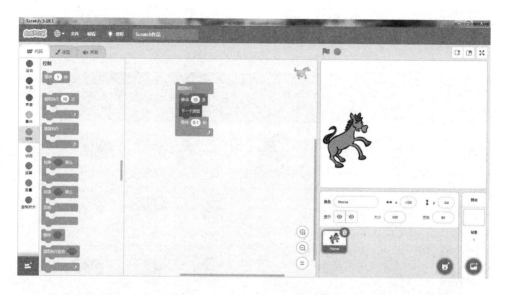

鼠标点击编程区的"重复执行"按钮。你看到了什么？对，小马在舞台上跑起来了；它一路向右，绝尘而去，直到舞台区右侧只剩下一根马尾巴。

好可爱的一匹小马，若是就这么跑丢了，真可惜！能不能让它再跑回来呢？没问题，继续使用Scratch的命令和工具。

从工具区的"运动"里找到"碰到边缘就反弹"这个命令，利用鼠标将其拖到编程区，放在"等待0.1秒"下面；再找到"将旋转方式设为左右翻转"这个命令，将其拖到编程区的"重复执行"上面；再从工具区"控制"里找到"当角色被点击"，拖到编程区所有命令的上面。好了，设置完毕，点击一下舞台右侧残留的那根马尾巴，程序开始运行。于是，一个相当好玩的动画效果出现了：小马跑到舞台左侧时就掉头向右，跑到舞台右侧时就掉头向左，就这样不停地跑来跑去。

美中不足的是，我们本来想让小红马跑起来，可是现在在舞台区跑来跑去的却是一匹小黄马。怎样才能把这匹小黄马变成小红马呢？早期版本的 Scratch 不具备这个功能，而最新版本的 Scratch 却可以轻松做到。

在工具区选择"造型"，会看到"horse-a"和"horse-b"两种状态。先选择"horse-a"，然后用右侧的"填充"命令调出红色，点击下面的"填充"按钮，再点击右侧小马的肚子。好了，马头、马腿、马肚子、马屁股，现在都变红了。采用与上述步骤相同的操作，把"horse-b"下的小马也变成红色。

原先设置好的命令不变，利用鼠标点击舞台区的这匹马，一匹小红马跑来跑去的动画就做成了。

如果你还不满足，想把空白的舞台换成一片蓝天，还想加上马蹄得得和"萧萧班马鸣"的音效。没问题，让我们继续优化。

先更换舞台背景：舞台区右下角，那个内嵌画框的蓝色圆圈，就是背景选择按钮。点一下，背景选择窗口蹦出来，从"户外"中选择"blue sky"，舞台就变成了蓝天、森林和康庄大道；你可以把小马拖到其中合适的位置，让它的蹄子待在大道上。

再添加动画音效：该操作过程稍微复杂一些，让我们一步一步来。

第一步，在工具区点击"控制"，找到"如果……那么……否则……"控制框，拖到编程区，放在"碰到边缘就反弹"的下面。

第二步，在工具区点击"侦测"，找到"碰到鼠标指针"命令，将"鼠标指针"改成"舞台边缘"，拖到编程区，放在"如果……那么……否则……"控制框的第一个悬臂的空格里。

第三步，在工具区中点击"声音"，找到"播放声音 horse gallop"，拖到"否则……"下面；再找到"播放声音……等待播完"命令，将其中的音效设置为"horse"，拖放到"碰到舞台边缘"下面。

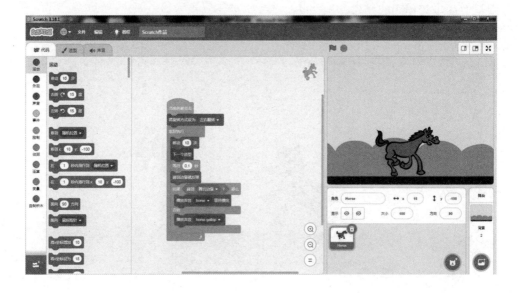

如此设置完毕，小红马就可以在户外大道上"嘚嘚"地飞奔起来了，且每当跑到路尽头时，就嘶鸣一声，再掉头回来。

如果你仔细观察 Scratch，必定注意到了工具区里其他的命令，例如"侦测""运算""变量"和"自制积木"等。学会了这些命令的功能和用法，你可以给小红马设计更复杂的动作，也可以录制真实的音效，并导入 Scratch，制作出更酷炫的动画。

当然，不只是小红马，Scratch 里的任何一个角色都能制作成动画。你甚至可以画一个角色，或者把自己的照片导入 Scratch，进而为其设计命令、制作动画。而你在 Scratch 当中设计所有命令的过程，就叫做编程。

下命令不等于编程

有人说，编程很简单，编程就是下命令。

如果真这么简单，那么武侠小说里那些仗剑行天下的古代大侠就都会编程了。

举个例子，《射雕英雄传》第二回中，江南七怪挑战全真派高手丘处机，眼见不敌，便由"飞天蝙蝠"柯镇恶发射暗器。但柯镇恶是个盲人，看不见丘处机，只能根据同门弟兄喊出的命令来发射。当时的场景是这样的（引自金庸网，后同）：

全金发叫道："大哥，发铁菱吧！打'晋'位，再打'小过'！"叫声未歇，嗖嗖两声，两件暗器一前一后往丘处机眉心与右胯飞到。

丘处机吃了一惊，心想目盲之人也会施发暗器，而且打的部位如此之准，真是罕见罕闻，虽有旁人以伏羲六十四卦的方位指点，终究也是极难之事。

当下铜缸斜转，当当两声，两只铁菱都落入了缸内。这铁菱是柯镇恶的独门暗器，四面有角，就如菱角一般，但尖角锋锐，可不似他故乡南湖中的没角菱了，这是他双眼未盲之时所练成的绝技，暗器既沉，手法又准。丘处机接住两只铁菱，铜缸竟是一晃，心道："这瞎子好大手劲！"

这时韩氏兄妹、朱聪、南希仁等都已避在一旁。全金发不住叫唤："打'中孚'、打'离'位！……好，现下道士踏到了'明夷'……"他这般呼叫方位，和柯镇恶是十余年来练熟了的，便是以自己一对眼睛代作义兄的眼睛，六兄妹中也只他一人有此能耐。

柯镇恶闻声发菱，犹如亲见，瞬时间接连打出了十几枚铁菱，把丘处机逼得不住倒退招架，再无还手的余暇，可是也始终伤他不到。

全金发下达命令，柯镇恶执行命令，一个喊出方位，另一个立刻向所喊方位发射铁菱，每一步执行都是既快又准。假如我们把柯镇恶比作一台电脑，那么全金发就是操作这台电脑的人，然而我们也只能说全金发正在熟练地操作一台性能可靠的电脑，而不能说他正在编程。

跳出武侠小说中的场景，直接拿我们日常的电脑使用做例子。开机，关机，在桌面上双击鼠标打开某个程序，在网页上单击鼠标打开某个链接，以及打开文件、编辑文件、保存文件、备份文件、移动文件、删除文件……本质上都是在给电脑下命令。我们能将这些操作称为编程吗？显而易见，答案是否定的。

编程确实是下命令，但是下命令不等于编程。那么怎样下命令才叫作编程呢？我的回答是，至少得使用键盘把命令输入进去才行。

初代的电脑没有鼠标，也没有图形化的操作系统，只能用键盘敲命令。比如，过去电脑用户常用的 DOS 系统，一开机就是一个纯黑或者纯蓝的大屏幕，屏幕上闪动着一个小小的短横线，无论用户想让电脑做什么，都得在这个短横线后面输入相应的指令。

想让屏幕上显示时间？输入 time。

想让电脑报出日期？输入 date。

想知道这台电脑有多大内存？输入 mem。

想看看当前磁盘里有什么内容？输入 dir。

想从 C 盘进入 D 盘？输入 d:\。

想在 D 盘下创建一个名为"武侠编程"的新文件夹？输入 md d:\ 武侠编程。

想把该文件夹复制到 E 盘？输入 copy d:\ 武侠编程 e:\。

现在又想从 E 盘删掉这个文件夹？输入 del e:\ 武侠编程。

想让电脑重新启动？输入 reboot。

我敢打赌，你现在电脑上安装的肯定不是 DOS 系统，十有八九是 Windows。如果你用的是苹果电脑，那么操作系统应该是 MacOS。如果是苹果以外的某款平板电脑呢？操作系统很可能是用 Linux 内核开发出来的安卓。安卓、MacOS 和 Windows 都是图形化界面，大部分日常操作都特别简捷——一只鼠标全部搞定，用不着输入命令，但是在这些系统当中，其实仍隐藏着命令入口。

就拿 Windows 来说吧，你同时按下菜单键和 R 键，屏幕左下角会蹦出一个"运行"对话框。在对话框里输入"cmd"，然后单击回车键。

一个黑底白字的命令输入窗口立刻出现。这个窗口通常被叫作 cmd（英文单词 command 的简写），这个窗口不仅"长得"像 DOS，操作方式也像 DOS，而且还保留了一大部分 DOS 命令。你可以在 cmd 那个闪烁的短横线后面输入 DOS

命令，来体验早期电脑用户的"原始"。而且用惯了以后，你会觉得这样很酷，甚至很高效。

我就经常使用 cmd，来完成一些简单但是比较耗时的程式化工作。

比如说，我的电脑 D 盘下有一个庞大的文件夹——"备用插图"，里面有几千张图片。如果要把所有图片的名称记下来，写到一个文本文件里，该怎么做？我可以拿一支笔和一个小本子，放电脑旁边，一边看屏幕，一边做记录，依次将每张图片的文件名记到本子上；再新建一个文本文件，把本子上记录的信息一条一条输入进去。

有没有省事的方法？当然有。打开 cmd，用 cd 命令进入 D 盘下"备用插图"目录，再写一条命令："tree/f> 全部图片名称 .txt"。

点击回车键，命令运行。去"备用插图"文件夹里查看，已经多了一个名为"全部图片名称"的文本文件。打开这个文件，里面是所有图片的名称（此处已将图片名称虚化处理）。

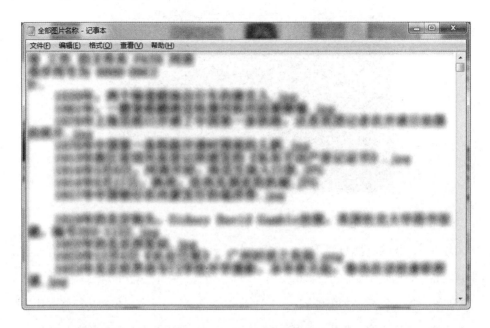

你看，原本要半天才能做完的事情，现在只需要敲两三行命令就搞定了。

作为一款非常成功的操作系统，Windows 已经被开发得相当成熟，为什么还要保留一个看起来既陈旧又落后的 cmd 呢？这是因为有些工作用敲命令的方式去做反而更简单。

Windows 是个人电脑用户最常用的操作系统，Linux 则是专业电脑用户最常用的操作系统。和 Windows 一样 Linux 也有一个命令输入窗口，专业的说法叫作"命令解释器"，又叫作 shell，也就是"外壳"。每次启动 Linux，将自动进入 shell，黑白屏幕的左上角闪烁着一个\$或者#，等着用户在这两个字符后面输入各种各样的命令。

许多功能强大的应用软件也保留着命令入口，以便让用户输入命令，完成复杂工作，而不是用鼠标点来点去。我们最常用的文档编辑软件 Word、最常用的电子表格软件 Excel、最常用的图像处理软件 Photoshop、最常用的工程制图软件

AutoCAD，都有输入命令的操作模式。

用鼠标点击也好，用键盘输入命令也罢，归根结底都是给电脑下命令。我们前面说过，用鼠标点击不叫编程，那么用键盘输入命令算不算编程呢？

这个问题需要具体分析。

只输入一行命令，比如在 DOS 或者 Windows 的 cmd 里输入 date，查看日期，不叫编程。可要是输入两行或者两行以上命令，以此来实现某个功能，那就是编程了。

比如，我新建一个 TXT 文档，并在文档里输入如下命令：

```
@echo off
title 加减乘除
echo 使用说明--
echo 输入算式，查看结果
echo 输入 exit 即可退出，输入 clear 清空计算记录
echo  --------------------
color 1f
:cac
  set /p input= 在这里输入算式：
  if /i"%input % "=="exit"goto exit
  if /i"%input%" == "clear"goto clear
  set /a result= % input%
  echo %result %
  goto cac
:clear
  cls
:exit
  exit
```

输入后将 TXT 文档的文件名后缀改为 bat，并双击运行。

总共 18 行命令，要实现的功能是四则运算。执行命令运行，效果是这个样子（见下页图）：

编写以上命令的过程就属于编程，属于批处理编程的一种。

再比如，我打开 Word，在菜单栏上点击"开发工具"，打开一个叫作"VB

编辑器"或者"visual basic"的窗口，输入如下命令：

以上命令总共 30 行，点击"运行"，Word 会弹出一个窗口，提示我们选择

文件路径，然后会将该路径下所有 .doc 格式的文件自动转换成 .pdf 格式。换句话说，这 30 行命令的功能就是将多个 .doc 文档批量转换成 .pdf 文档。编写这类命令的过程也属于编程，属于脚本编程的一种。

　　什么是批处理编程？什么是脚本编程？我们暂时不用理会这些问题，我们可以先把编程的定义归纳出来。什么是编程呢？通俗一点的说法就是，编写一堆命令，交给电脑执行，让电脑去做我们想让它做的事情。

编程语言与"江湖暗语"

在本章的"让小红马跑起来"这一节中，为了让小红马跑起来，我们曾经用 Scratch 设计如下一堆命令：

你肯定还记得，上述若干行命令并非直接用键盘输入，而是利用鼠标拖放，然后再像搭积木那样搭出来的。"搭积木"是 Scratch 编程的特色，为的是照顾那些不熟悉键盘操作的小朋友。

Scratch 很简单、很好玩，能够让没有编程基础的孩子迅速体会到编程的乐趣。但它的功能也很单一，只能用来设计简单的小动画、小游戏、小课件、小程序。

类似的编程工具还有 App Inventor——由一群 Google 工程师开发的安卓 app 编程工具，如今 App Inventor 由美国麻省理工学院（MIT）负责维护。想体验这款编程工具的朋友，可以登录麻省理工学院的教育网站 http://appinventor.mit.edu/，无须下载安装，在线即可使用。广州市教育信息中心网站 http://app.gzjkw.net/ 有 App Inventor 的汉化版，同样是免费注册、免费体验、免费使用。见下图。

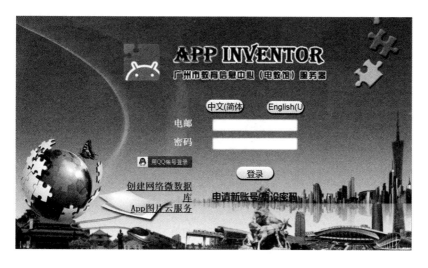

登录 http://app.gzjkw.net/，创建一个 App，大家会惊讶地发现，应用 App Inventor 编程的方式跟 Scratch 一模一样，都是用鼠标把命令拖到编程区，编程过程如同搭积木。只不过，用 Scratch 设计出来的程序是在电脑上运行，而用 App Inventor 设计出来的程序是在安卓手机上运行。

瞧，下图中这堆积木式命令就是一个简单的 App Inventor 程序，要实现的功能是从 1 加到 100，报出 100 以内的自然数总和（数学术语叫"级数"）。

无论是 Scratch 还是 App Inventor，编程方式都特别简单，可是它们的应用范围也特别狭窄。小朋友初学编程时可以用用，但真正的程序员绝不可能用它们开发软件。所以我们经常说，Scratch 和 App Inventor 并非真正的编程语言，而是编程玩具、编程教学软件，或者叫"少儿编程平台"。

那么，什么才是编程语言呢？最早诞生的计算机高级程序设计语言 Fortran、广泛用于底层开发的通用程序设计语言 C、由 C 语言扩展升级而来的 C++、由 C 和 C++ 衍生出来的 C#、为网络编程而设计的 Java、高度抽象的函数式编程语言 R、简捷实用的脚本语言 Ruby、更为简捷实用的脚本语言 PHP、谷歌公司（Google）发布的 go 语言、苹果公司发布的 Swift、微软公司发布的 Visual Basic 以及最近几年在数据分析和人工智能领域"高歌猛进"的 Python 等，都是真正的编程语言。

语言是人与人交流的工具，编程语言则是人与电脑交流的工具。电脑并不是人，你想跟它交流，必须使用电脑听得懂的语言。比如，要想让电脑告诉你 10 加 20 等于多少，直接问"10 加 20 等于几"，电脑肯定理解不了；在文本软件里输入"10 加 20 等于几"，电脑同样理解不了。

电脑能理解的语言是什么样子呢？看上去非常古怪：

```
11101011  00001010  00000000
00101011  00010100  00000000
```

这两行完全由 0 和 1 组成的"天书",才是电脑能直接理解的语言。其中,第一行的 00001010 是数字 10 的二进制形式,11101011 00001010 00000000 意思是将数字 10 放进寄存器;第二行的 00010100 是数字 20 的二进制形式,00101011 00010100 00000000 表示让 20 加上 10,最后将计算结果也放进寄存器。

我们把这种语言称为"机器语言"。早期的程序员给电脑下指令,只能使用机器语言,非常难懂、麻烦且耗时,还很容易出错。所以呢,计算机科学家不得不发明一种容易被人类理解的语言——汇编语言。

同样是 10 加 20,如果用汇编语言来写,通常是这个样子:

```
mov     eax,10
add     eax,20
```

mov 是英文单词 move 的简写,即移动。eax 是数据寄存器,"mov eax,10",意思是将数字 10 放进数据寄存器。

add 即相加,"add eax,20",意思是让 eax 寄存器中的数 10 加上 20,并将计算结果放进数据寄存器。

汇编语言是用英文单词或者英文单词的简写代替那些由 0 和 1 组成的我们基本上看不懂的"天书";用生活中我们常用的十进制数字代替不太常用的二进制数字,使得编程工作一下子易懂了许多。

但是要跟人类日常语言"10 加 20 等于几"相比,汇编语言仍然显得艰深晦涩,编程工作仍然谈不上简单快捷。而事实上,现在的程序员也的确极少使用汇编语言,他们用的是比汇编语言还要易懂的高级编程语言。

高级编程语言分为很多种,但每一种都比汇编语言要简单。比如说,还是 10 加 20,用 Python 来写,一行就够了:

```
print   (10+20)
```

用另一种高级编程语言 Visual Basic 来写,也是一行:

```
print   10+20
```

还有一种高级编程语言 PHP，同样也是只需一行：

```
echo    10+20
```

你看，在高级编程语言里面，加法运算符不再是汇编指令 add，而是我们做算术运算时使用的加号"+"。直接输入加法式"10+20"，直接用 print 或者 echo 命令输出结果，用不着再啰嗦地告诉电脑："嘿，老兄，你把某个数字放进寄存器的某个位置，再加上另一个数字，也放进寄存器的某个位置，最后把结果告诉我！"

但是，高级编程语言也有自己的问题。问题在于，高级编程语言虽然简单易懂，但电脑却不能直接理解；包括汇编语言，电脑也是不能直接理解的。程序员用汇编语言或者高级编程语言写完程序，还必须再将其翻译成机器语言，然后才能交给电脑去执行。

有读者会问：既然终归要翻译成机器语言，那为什么不直接用机器语言编程呢？先用高级编程语言写一遍，写完不能用，还得用机器语言再写一遍，那发明高级编程语言有什么意义？不是多此一举吗？

好在我们不用担心这个问题，因为从高级编程语言到机器语言的翻译环节根本不用人工操作，每一种高级编程语言都自带编译器。比如，你在 Python 的编程环境下输入"print(10+20)"这行代码，然后运行，Python 编译器立刻接手，将"print(10+20)"翻译成电脑能够理解的 0 和 1。翻译过程雷鸣电闪，但是你根本感觉不到时间上的延迟，整个过程好像就是在用高级编程语言跟电脑直接对话。

0 和 1 组成的机器语言对于普通人而言是理解不了的；对于计算机芯片来说，汇编语言和高级编程语言同样也是理解不了的。彼此听不懂、理解不了，那怎么实现人机交流呢？答案是，全靠编译器当翻译。

《鹿鼎记》第八回中，韦小宝加入天地会，莲花堂香主蔡德忠当接引人，带韦小宝朗读入会誓词："天地万有，回复（恢复）大明，灭绝胡虏。吾人当同生同死，仿桃园故事，约为兄弟，姓洪名金兰，合为一家。拜天为父，拜地为母，日为兄，月为姊妹，复拜五祖及始祖万云龙为洪家之全神灵……"

先拜天地日月，再拜五祖及始祖万云龙，"五祖"是谁？"万云龙"又是谁？这是天地会的"暗语"，韦小宝不懂。好在有蔡德忠解释："我洪门尊万云龙为始祖，那万云龙，就是国姓爷了。一来国姓爷的真姓真名，兄弟们不敢随便乱叫；二来如果给鞑子的鹰爪们听了诸多不便，所以兄弟之间，称国姓爷为万云龙……本会五祖，乃是我军在江宁殉难的五位大将……"听完这些，韦小宝恍然大悟。

如果将韦小宝比作电脑，那么天地会的入会誓词就是一门高级编程语言，韦小宝的接引人蔡德忠就是这门语言的编译器。直接输入高级语言，韦小宝不懂；经过蔡德忠编译一下，韦小宝就懂了。

编程语言种类繁多，迄今为止已出现的超过千种，现存的约有六百种，其中在实际工作中被广泛使用的至少有几十种。这么多编程语言都是怎么来的呢？当然是由计算机高手设计出来的。同样的，武侠江湖的世界也有许多种"暗语"，每一种"暗语"也都是由江湖人物设计出来的。

仍以《鹿鼎记》为例，总舵主陈近南派韦小宝回宫中卧底，并教他怎样联络天地会的其他兄弟。原文描写如下：

众香主散后，陈近南拉了韦小宝的手，回到厢房之中，说道："北京天桥有一个卖膏药的老头儿，姓徐。别人卖膏药的旗子上，膏药都是黑色的，这徐老儿的膏药却是一半红，一半青。你有要事跟我联络，到天桥去找徐老儿便是。你问他：'有没有清恶毒、使盲眼复明的清毒复明膏药？'他说：'有是有，价钱太贵，要三两黄金、三两白银。'你说：'五两黄金、五两白银卖不卖？'他便知道你是谁了。"

韦小宝大感有趣，笑道："人家货价三两、你却还价五两，天下哪有这样的事？"

陈近南微笑道："这是唯恐误打误撞，真有人向他去买'清毒复明膏药'。他一听你还价黄金五两、白银五两，便问：'为什么价钱这样贵？'你说：'不贵，不贵，只要当真复得了明，便给你做牛做马，也是不贵。'他便说：'地振高冈，一派溪山千古秀。'你说：'门朝大海，三河合水万年流。'他又问：

'红花亭畔哪一堂？'你说：'青木堂。'他问：'堂上烧几炷香？'你说：'五炷香！'烧五炷香的便是香主。他是本会青木堂的兄弟，属你该管。你有什么事，可以交他办。"

韦小宝一一记在心中。

膏药本来很便宜，卖主却报价三两黄金、三两白银。买主呢？不但不还价，还加价，非要掏五两黄金、五两白银。谈过价钱，再对切口，一个说"地振高冈，一派溪山千古秀"，另一个答"门朝大海，三河合水万年流"。全是外人听不懂的"暗语"。这套"暗语"是谁设计的？只能是总舵主陈近南。因为天地会成员几乎都是大老粗，只有陈近南文武双全，别人恐怕打死也想不出用"一派溪山千古秀""三河合水万年流"这样的句子去对暗语。

在江湖上行走多年的武林人物，应该都懂几句"暗语"，但是鉴于各门各派的"暗语"太多，一个人绝不可能无所不知。《书剑恩仇录》第十六回中，陈家洛、张召重、顾金标、哈合台等人被狼群困住，摸铜钱定生死，决定由谁冲进狼群做诱饵。轮到顾金标摸时，哈合台喊道："扯抱转圈子！"这是辽东一带道上的"暗语"，意思是"别拿那只不平整的铜钱"。哈合台从蒙古流落到关东多年，顾金标一直在辽东称霸，他们俩当然可以用辽东暗语沟通。陈家洛武功卓绝，张召重智勇双全，但他们两人都没去过辽东，所以不懂哈合台所言，小说原文上写道两人"脸上都露出疑惑之色"。

计算机编程的世界是另一种"江湖"，程序员与江湖中人有相似之处。武林人物不可能通晓所有"暗语"，程序员也不可能通晓所有编程语言。通常情况下，人们都是先从一门编程语言学起，再根据项目需要学习其他编程语言。虽说编程语言五花八门，但基本上都能触类旁通，绝大多数人学习第一门编程语言可能要花上几年的时间，再学第二门、第三门甚至更多其他编程语言的时候，就易如探囊取物、快如流星赶月，多则半年，少则半天，就能用新语言写程序了。

在后面的编程学习章节里，我们主要学习一门既非常流行又很容易上手的高级编程语言——Python。

第二章
帮侠客做计算

《九阴真经》有多少字？

北宋后期，"道君皇帝"宋徽宗十分推崇道教，据说搜集了全天下的道教经典，并派了一个绝顶聪明的文官黄裳做主编，编成了一部五千多卷的大书《万寿道藏》。奉旨编书的黄裳唯恐出错，将那些初稿搬进书斋，一个字一个字地审读。谁料想，几千卷道书读下来，黄裳居然无师自通，从道家哲学中悟出了武学道理。后来因缘巧合，黄裳又与几十位武林高手比武实践，又在深山之中苦苦思索四十年，终于将道家哲学与武术招数融会贯通，撰写出一部至高无上的武学秘籍《九阴真经》。

再然后，《九阴真经》声名鹊起，在金庸先生的武侠世界，江湖中人无一不知，人人都将其奉为最上乘的武学秘籍。到南宋前期，东邪黄药师、西毒欧阳锋、南帝段智兴、北丐洪七公、全真教创始人王重阳，这当世五大高手于华山论剑，争夺此经。经过七天七夜轮番较量，王重阳技压群雄，于是此经书便归全真教所有。

王重阳死后，黄药师使用计谋得到《九阴真经》的下卷，还没来得及练习，就被弟子陈玄风和梅超风偷走。陈玄风唯恐再被别人偷走，便将内容做了备份。他是怎么备份的呢？拿起针，忍着痛，使用刺青的方式将每个字都刺在了自己的胸口上。

以上情节即是《射雕英雄传》中对于武学著作《九阴真经》来历的描述，看过这部小说的朋友必然都记得。不记得也不要紧，只要知道《九阴真经》是金庸先生的武侠世界里最厉害的武学著作就行了。

其实在计算机编程领域，也有一部最厉害的著作，最近几十年始终被全球程序员和计算机科学家奉为经典，它就是高德纳（D.E.Knuth）所著的《计算机程序设计艺术》（The Art of Computer Programming）。

高德纳是美国计算机科学家，也是一名顶级程序员。他独自开发出了如今在全球学术界被公认最强大的排版工具——Tex，提出了编程领域的两大基础概念——"算法"和"数据结构"；还发明了一套可以精确比较算法优劣的数学方法，简称"算法分析"。他获得过计算机界最高奖"图灵奖"，被评为"继爱因斯坦和费曼之后的第三位科学巨星"。对于他的经典著作《计算机程序设计艺术》，前世界首富、微软公司联合创始人比尔·盖茨是这么评价的："如果你完完整整读完了《计算机程序设计艺术》，请立刻给我发一份简历。"意思就是说，凡是能看完并且看懂高德纳此著作的程序员，都有资格加入微软。

　　高德纳计划共写七卷《计算机程序设计艺术》，中文译版在我写此书时已出版到了第四卷。我所熟识的程序员都买过这套书，有的还买了英文原版，但暂时还没有一个人宣称读完了这套书。大概的原因：第一，内容太高深，读者必须有扎实的数学基本功；第二，书的体量太大，即便是走马观花看一遍，也得花上一年的时间。

　　相比起来，《九阴真经》就只是一本很薄的小书了。金庸先生没有明确写出《九阴真经》（注：以下作者简称"真经"）有多少字，但我们可以根据上下文估算一下。

　　《射雕英雄传》第十七回中，"老顽童"周伯通对郭靖说，因为《九阴真经》下卷被盗，黄药师之妻试图将其默写出来："那时她怀孕已有八月，苦苦思索了几天几晚，写下了七八千字，却都是前后不能连贯。"

同书第十八回，郭靖与欧阳锋的侄子欧阳克比赛背书，背的也是真经下卷。"黄药师听他所背经文，比之册页上所书几乎多了十倍，而且句句顺理成章，确似原来经文。"所谓"册页上所书"，指的是黄夫人根据记忆默写出来的那七八千字。郭靖所背内容"比之册页上所书几乎多了十倍"，说明真经下卷字数应该在七八万字左右。

真经分为上下两卷，下卷七八万字，则全书大约有十几万字，远远比不上高德纳的鸿篇巨制《计算机程序设计艺术》。字数只能是普通出版物，不算厚实，也不算单薄。真正令人惊奇的是，按照书中所述，黄药师的不肖弟子陈玄风竟然将真经下卷一个字一个字地刺到了胸口的皮肤上！那可是好几万字，全都刺到胸口上，他的胸口得有多大？那一小片地方刺得下吗？

我拿起一张 A4 纸，贴在自己胸口上，刚好能把脖子以下和肚子以上的前胸皮肤盖严实。一张 A4 纸能写多少字呢？以古人常说的"蝇头小楷"（就是指像苍蝇脑袋那么小的字）为例，这种字体笔画极细、间距极密，字号相当于常用排版软件 Word 里的六号字，行间距大约为 10 磅左右。我打开常用排版软件 Word，将纸张设为 A4，将字号设为六号，将行间距设为 10 磅，将上下左右的页边距都设为零，然后使劲往页面里塞内容，大约也只能塞下 5600 多字。就算陈玄风天赋异禀，胸口大得惊人，能有两张 A4 纸那么大，那才能放多少字？10000 多字而已。所以，依我看，陈玄风将七八万字的《九阴真经》下卷刺在胸口上这种行为，不仅是疯狂的，而且是不可能的。

我们再退一步，假定陈玄风把刺字范围扩大到全身，有没有可能刺下七八万字呢？我们可以写个程序算一算。

首先，我们要根据皮肤表面积经验公式，编写皮肤表面积计算程序。中国男性皮肤表面积的经验公式是这样的：S 男（平方米）=0.0057 × 身高（厘米）+ 0.0121 × 体重（千克）+0.0882。现在可用 Python 语言编写如下代码：

```python
def skin_area(height,weight):
    skin_area = 0.0057*height + 0.0121*weight + 0.0882
    return(skin_area)
```

```
height = float(input('请输入陈玄风的身高（厘米）:'))
weight = float(input('请输入陈玄风的体重（千克）:'))
print('陈玄风的皮肤表面积是 ',skin_area(height,weight),'
平方米 ')
skin_area_cm = skin_area(height,weight)*10000
print('相当于 ',skin_area_cm,'平方厘米 ')
```

和金庸笔下各路武林高手最初都看不懂《九阴真经》下卷中那段古怪的文字一样，没学过编程的朋友暂时还看不懂代码的含义。这很正常，完全不用担心，因为后面我们还会从怎样安装 Python 讲起，一直讲到 Python 的解释器、编译器、语法规则、程序结构、常用类库、基本算法、面向对象编程的实现方法等知识。等读者们看完本书前三章，亲自动手写过一些简单程序以后，回头再来看这些代码，感觉会比看婴幼儿动画还要简单。

将前述代码放在 Python 编程环境下运行，电脑将提示我们输入陈玄风的身高和体重。假定此人身高 180 厘米，体重 90 千克，则运行结果如下：

```
请输入陈玄风的身高（厘米）:180
请输入陈玄风的体重（千克）:90
陈玄风的皮肤表面积是 2.2032000000000003 平方米
相当于 22032.000000000004 平方厘米
```

我们知道，A4 纸标准规格是 21cm × 29.7cm。如果将陈玄风全身皮肤展开，相当于多少张 A4 纸呢？可以在前述代码下面追加几行，使代码变成这样子：

```
def skin_area(height,weight):
    skin_area = 0.0057*height + 0.0121*weight + 0.0882
    return(skin_area)

height = float(input('请输入陈玄风的身高（厘米）:'))
weight = float(input('请输入陈玄风的体重（千克）:'))
print('陈玄风的皮肤表面积是 ',skin_area(height,weight), '
平方米 ')
skin_area_cm = skin_area(height,weight)*10000
print('相当于 ',skin_area_cm, '平方厘米 ')
```

```
A4_area = 21 * 29.7
paper_quantity = skin_area_cm / A4_area
print('相当于 ',paper_quantity,' 张 A4 纸')
```

运行程序，并显示结果：

```
请输入陈玄风的身高（厘米）:180
请输入陈玄风的体重（千克）:90
陈玄风的皮肤表面积是 2.2032000000000003 平方米
相当于 22032.000000000004 平方厘米
相当于 35.32467532467533 张 A4 纸
```

将结果进行四舍五入，取约数后得出结果，陈玄风的皮肤表面积相当于 35 张 A4 纸。前面说过，若经书全部以蝇头小楷写成，单张 A4 纸能写 5600 多字，那么 35 张 A4 纸就能写下约 20 万字。如果陈玄风愿意在全身皮肤上刺字的话，刺七八万字的《九阴真经》下卷完全没问题；甚至，如果他有机会偷到上卷，再连上卷都刺上去，全身的皮肤也是够用的。但这样一来，他不能赤脚，也不能打赤膊，每次出门都必须把全身裹得严严实实，还要戴上口罩，否则别人将会从他裸露在外的部位窥探到《九阴真经》的奥秘。

郭靖跟黄蓉说了多少句话?

前文中，我们用 Python 写了几行很简单的程序，解决了一个很简单的问题。坦白说，陈玄风的皮肤有多大面积这个问题其实毫无实际意义，也不必专门去编程，随便拿起一支笔，在一张比 A4 纸还小的小纸片上演算一下，答案就出来了。如果懒得用纸笔，可以用计算器，何必非要编程呢?

没错，有些问题用人工就能解决，但这世界上还有很多问题是人工解决不了的，或者解决起来非常非常耗时的。所以，何以解忧? 唯有编程。

还拿《九阴真经》举例，你知道在《射雕英雄传》这部百万字的武侠经典名著当中，有多少次提到《九阴真经》吗?

你可以翻书去查，一行一行地查，查到一处，就在笔记本上画一道杠，最后数数总共画了多少杠。这样计算，想要得到答案恐怕要花上好几天的时间。

你也可以找到《射雕英雄传》的电子版，用 Word、Notepad 或者记事本软件打开，使用查找命令，往对话框里输入"九阴真经"四个字，不断地点击"查找"……这种计算方式比翻书快，但估计也要花费半天时间。

如果用编程来统计呢？那就省事多了，只要在 Python 编程环境下输入以下若干行代码：

```
    path = r'd:\武侠编程\金庸全集\射雕英雄传.txt'    #指定《射
雕英雄传》所在路径
    novel = open(path,'r',encoding = 'utf-8')    # 将《射雕英
雄传》读入内存
    lines = novel.readlines()        # 分段读取，存为列表 lines
    times = 0        # 变量 times 代表《九阴真经》出现次数，初始化为 0
    for line in lines:
        if line.find('九阴真经'):
            run = Ture
            begin = 0
            while run =  = True:
                    begin = line.find('九阴真经',begin,len(line))
                    if begin>0 and begin<len(line):
                    begin = begin+1
                times = times+1    # 依次从每段内容当中查找"九阴真
经"，每找到一处，就对 times 变量加 1
        else:
            run = False
        else:
            continue
    print(' 在《射雕英雄传》这部书里，共有 ',times,' 处提到《九阴
真经》')
```

我先说明一下，左边那些英文都是代码，代码右边还有很多 #，# 后面的文字称为"代码注释"。代码注释不是给电脑看的，是给我们自己看的，目的是让代码更好读、更好懂。有些人可能会有这样的经历：一段程序写完了，将其保存起来，过了一段时间再看会发现，自己已完全不记得当初为什么这么写，思路也忘得一干二净；而有了代码注释，自己当时的思路清清楚楚地摆在那里，不但能给自己将来修改和扩充代码时提供方便，还能给合作伙伴提供便宜。要知道，很多大型程序需要几百上千个程序员一起编写，没有代码注释，大家很难理解对方

的编程思路，协同工作将变得异常困难。所以，我们从一开始就要养成给代码写注释的好习惯。

好，运行程序，迅速得出结果：

在《射雕英雄传》这部书里，共有 125 处提到《九阴真经》

如果再接着问：提到《九阴真经》的那些段落都是什么样子？

想解决这个问题，只需加上几行代码：

```
print(' 它们分别是 :')
for line in lines:  # 将出现《九阴真经》的段落依次输出
    if ' 九阴真经 ' in line:
        print(line)
novel.close()   # 关闭文件，腾出内存空间
```

运行结果见下图：

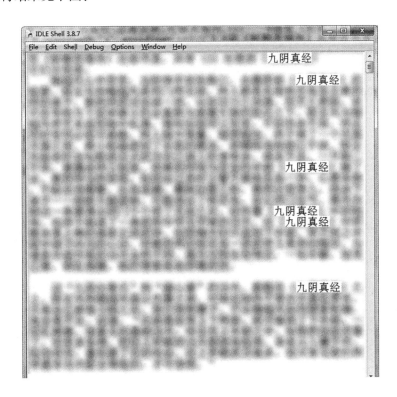

　　此时我们还可以趁热打铁，再用 Python 编程解决另一个问题。在《射雕英雄传》这本书里，男主角郭靖和女主角黄蓉的对白最多，他和她究竟说了哪些话呢？

　　编程思路很简单：让电脑检查每一段文字，如果该段文字中既出现郭靖，又出现黄蓉，还出现了冒号和引号，那么引号当中的文字可能就是郭靖和黄蓉的对白。

　　按照这个思路编程，编写代码如下：

```
    path = r'd:\ 武侠编程 \ 金庸全集 \ 射雕英雄传 .txt'      # 指定
《射雕英雄传》所在路径

    novel = open(path,'r',encoding = 'utf-8')            # 将
《射雕英雄传》读入内存
    lines = novel.readlines()        # 分段读取，存入列表 lines

    count = 0   # 变量 count 代表对白句数，初始化为 0

    # 依次检查每段内容
    for line in lines:
        # 如果某一段同时出现郭靖、黄蓉、冒号、引号
        if ('郭靖'in line) and ('黄蓉'in line) and (': "'in
line):
            # 找出郭靖所在位置
            boy_index = line.find(' 郭靖 ')
            # 找出黄蓉所在位置
            girl_index = line.find(' 黄蓉 ')
            # 找出冒号和引号所在位置
            begin_index = line.find(': "')
            # 找出反引号所在位置
            end_index = line.find('"')
            count  = count+1
            # 输出对白
            words = line[begin_index+1 : end_index+1]
            print(' 第 '+str(count)+' 句对白 :',words)

    novel.close()    # 关闭文件，腾出内存空间
```

运行程序，输出结果：总共 508 句对白，其中大部分是郭靖和黄蓉说的话（见下图）。

当然，也有小部分例外。像第七回"比武招亲"，郭靖送走女扮男装的黄蓉，回客店就寝，忽然听到敲门声。郭靖心中一喜，只道是黄蓉，问道："是兄弟吗？好极了！"外面一人沙哑着嗓子道："是你老子，有什么好！"郭靖打开房门，外面竟然是"黄河四鬼"以及他们的师叔侯通海。这段文字中既有"郭靖"，又有"黄蓉"，还有冒号和引号，但程序输出的却不是郭靖与黄蓉的对白，而是侯通海对郭靖的呵斥。

怎样才能确保所写程序准确无误，将错误对白全部过滤掉呢？那就需要我们学会高级编程，学会退火算法、遗传算法、神经网络、模式识别之类的智能算法，学会让程序具备学习功能，像人一样学会识别那些看起来与男女主角有关、实则出自别人之口的对白。事实上，在智能算法领域，Python 恰好具备极大优势，能解决生活和工作当中的无数问题。

以我自己的经验来说吧：我不仅经常用 Python 做科学计算、分析文学作品，还用它编写爬虫程序给父母下载戏曲，编写动画游戏哄儿女开心；用它编写过滤器筛选垃圾邮件，编写干净小巧的播放器播放音乐；以及编写"所得税小管家"，让电脑帮我设计出依法纳税的方案……

我相信，任何一位对编程感兴趣的小伙伴在学会 Python 编程以后，都如同得到了倚天剑或屠龙刀，都将体验到"Python 在手，天下我有"的快感。

给你的电脑装上 Python

在金庸笔下的武侠世界中，倚天剑、屠龙刀，那都是江湖上一等一的利器，大批英雄好汉付出生命代价都抢不到手。Python 也是编程世界的利器，但它却是人人可得的，并且是完全免费的：免费下载，免费安装，免费使用，免费在 Python 官网获取技术文档和示例代码。所以，我经常对身边的小伙伴说：如果你拥有电脑，却没有安装 Python，那才叫暴殄天物。

安装 Python 之前，大家应先看看自己的操作系统，因为在不同的系统环境下，Python 安装方式也是不同的。

目前个人电脑操作系统以 Windows 为主流，然后是苹果电脑默认安装的 macOS，以及拥有多种方言版本的 Linux。我有一部微型电脑"树莓派"，用 U 盘当硬盘，用电视机当显示器，用外接键盘当输入设备，操作系统是 Linux 的轻量级简化版 Raspbian。将 Raspbian 烧录（注：即，把想要的数据通过刻录机等工具刻制到光盘、烧录卡等介质中）在 U 盘上，启动"树莓派"，在菜单栏里能看见 Python3，这说明有些版本的 Linux 是自带 Python 的，不用专门安装。另外，一些苹果电脑也自带 Python，但版本比较老，有的还是十几年前发布的 Python2.7，截至写此段文字时 Python 官网早就更新到 Python3.10 了。所以，Linux 用户无须安装 Python，苹果电脑用户则有必要卸载旧版 Python，下载安装新版 Python。

网上有多种渠道下载新版 Python，可以在百度搜索"Python 安装包"，可以在 Google 搜索"Python setup"，可以在华军软件园搜索"Python"，可以去代码托管平台 GitHub 搜索"Python"。但我建议使用最可靠的下载途径——去 Python 官网 https://www.python.org/ 下载。这是一个海外网站，登录有点儿慢，但绝对安全，从这个官网上下载的 Python 版本不仅最新而且最干净，绝不会内藏病毒，绝不会在你安装 Python 的过程中趁你毫无察觉时给你装上一大堆垃圾软件和垃圾广告。

登录 Python 官网，可以看到如下页面：

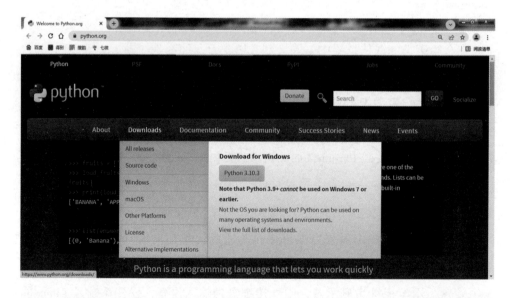

点击"Downloads"，出现下拉式菜单，选择你的操作系统（Windows 或者 macOS），进而选择想要安装的 Python 版本。以 Windows 用户为例，适合 Win10 安装的版本是 Python3.10，适合 Win7 安装的版本是 Python3.8。Windows 又有 32

位和 64 位之分，在系统桌面上选择"计算机"，点击右键，点"属性"，可以查看系统版本。如果是 Win10_64 位版本，那就在 Python 官网下载 Python3.10 64-bit。如果是 Win7_64 位版本，那就在 Python 官网下载 Python3.8 64-bit。如果是 Win7_32 位版本呢？适合下载安装的肯定是 Python3.8 32-bit。

　　下载过程很简单，安装过程更简单，安装程序会一步一步提示我们怎么做。安装好以后，还有一个不可缺少的环节——给 Python 配置环境变量（见如下两图）。

　　以 Win7 为例，回到系统桌面，选中"计算机"，点击鼠标右键，点击"属性"，再点击"高级系统设置"，弹出"系统属性"窗口。点击右下角"环境变量"按钮，弹出"环境变量"窗口。在这个窗口下方找到变量 Path（如果找不到，则新建 Path），点击"编辑"按钮，在变量值的开头输入 Python 的安装路径，并以英文标点分号结束（Win10 的 Path 变量值则以列表形式存放，上下对齐，一目了然，不用加分号）。比如，你把 Python 安装在了 C:\Program Files (x86)\Python\Python30，那就在变量值开头输入 C:\Program Files (x86)\Python\Python30\;。如果将 Python 安装在 C:\Users\Administrator\AppData\Local\Programs\Python\Python38 下面，则在变量值开头输入 C:\Users\Administrator\AppData\

Local\Programs\Python\Python38\;。输完变量值，点击"确定"，关掉弹窗。环境变量配置完毕。

这一系列操作有什么用呢？我们自己动手写几行代码就明白了。

运行 cmd，进入命令窗口，在跳动的命令提示符"_"后面输入 python，点击回车键，黑白屏幕上会出现两行英文字符，那是已经安装的 Python 版本信息，咱们不用管它。

版本信息下面有一个">>>",以及一个跳动的"_"，可称为"Python 代码的输入提示符"。也就是说，现在就能在提示符后输入代码、运行程序了。

我们不妨输入一行最简单的代码：

```
print('Hello world, 这里是武侠编程! ')
```

敲击回车键，程序运行结果显示在下一行：

```
Hello world, 这里是武侠编程!
```

再来几行稍复杂的代码：

```
for i in ' 武侠编程 ':
    print(i,end='')
    print()
```

运行结果是这样的：

```
武
侠
编
程
```

cmd 是 Windows 的命令交互入口，类似 Linux 的 shell，既能调用很多程序，还能打开很多文件，前提是先输入正确的文件路径。比如，我想在 cmd 窗口打开"D：\我的工作\文稿内容\"目录下的 word 文档《武侠编程》，至少要输入 3 行指令：

```
d:
cd 我的工作 \ 文稿内容 \
武侠编程 .doc
```

我们刚才在 cmd 窗口打开 Python 时，既没有切换磁盘，也没有指定路径，而是直接输入"python"后立即敲击回车键，就自动进入了 Python 的编程环境。为什么可以这样？

因为我们已经给 Python 配置了环境变量，已经在操作系统的 Path 变量里指定了 Python 的安装目录。无论是在命令交互入口调用 Python，还是在这个操作系统下的任何一个编程环境调用 Python，都可以马上得到。我们无须再告诉操作系统 Python 在哪儿，因为操作系统的 Path 变量知道 Python 在哪儿。Path 是什么？是"路径"，是"行动路线"，是让操作系统快速调用某些程序的"指路明灯"。

安装其他编程语言同样要配置 Path。有人会问：不配置行不行？有时候也行，但为了能够安全地编写程序，为了能够让操作系统快捷地调用程序，还是配置为好。

从大胡子到大蟒蛇

相信你已经成功地给 Python 配置好了 Path。但请大家不要急着写代码，先听我讲讲 Python 的故事。

编程语言都是被人发明出来的，Python 也不例外。Python 的发明者是吉多·范罗苏姆（Guido van Rossum）——全球程序员公认的"Python 之父"。

可以用一个长句介绍吉多·范罗苏姆：荷兰人、学霸、计算机科学家、著名程序员、"码农"界的宗师；1956 年出生，1982 年大学毕业，1989 年发明Python，2005 年加入大名鼎鼎的谷歌公司，2013 年加入 Dropbox（以发明网络存储和文件同步工具闻名于世的另一家美国公司），2019 年决定退休；一年后又觉得退休生活太寂寞，决定重新工作，在微软公司继续写代码。

吉多·范罗苏姆为什么要发明 Python 呢？因为他以前用 Pascal 语言写过程序，用 Fortran 语言写过程序，也用 C 语言写过程序，在他看来，这些早期编程语言既晦涩又啰唆，严重影响了程序员写代码的效率和由此获得的乐趣，所以必须用一门比较人性化的新语言取而代之。

与早期编程语言相比，吉多·范罗苏姆更喜欢 Unix 操作系统的 shell。如果哪位读者经常使用 Unix 系统、Linux 系统和苹果的 Mac OS 系统的话，肯定对 shell 有所了解。shell 是用户跟操作系统之间进行互动的命令行操作平台，类似 Windows 系统的 cmd，但比 cmd 的功能更强大。吉多·范罗苏姆发现，早期编程语言需要花几百行才能完成的工作，现在用 shell 写几行命令就能轻松完成，于是他决定发明一种像 shell 一样既简洁又强大的语言。

吉多·范罗苏姆从阿姆斯特丹大学（University of Amsterdam）获得数学和计算机科学硕士学位的几年后，在荷兰数学和计算机研究所参加过新语言 ABC 的开发。ABC 易学易用，可惜功能薄弱，能做的事情太少，没有流行起来。但是，开发 ABC 的过程却让吉多·范罗苏姆练就了编程基本功，为研发 Python 打下了基础。

1989 年圣诞节假期，吉多·范罗苏姆在家开始研发新语言。他借鉴了 shell 的简洁、ABC 的易读以及 C 语言的一些语法和数据类型等特点，用 C 语言来开发编译器，并很快完成了 Python 的第一个版本，也就是 Python 的原始版本。

作为一个英文单词，"python"本来是指希腊神话中的巨蟒。然而吉多·范罗苏姆并不喜欢巨蟒，他之所以给这一全新的编程语言取名 Python，仅仅是因为他在少年时代曾痴迷于一部名叫《Monty Python's Flying Circus》（《蒙提·派森的飞行马戏团》）的情景喜剧，从剧名中截取了 Python 这个单词。最近十几年，我看过不止一本 Python 相关教材在封面上用一条大蟒蛇做图案，估计教材编写者不太了解 Python 命名的缘起，也可能是觉得蟒蛇图案有冲击力，有助于提升图书的销量。

每一门编程语言都有自己的名字，命名方式看似随意甚至有点无厘头，但实际上都另有深意。本书第一章介绍过的少儿编程软件 Scratch，翻译成中文叫"猫爪"，因为开发团队里的那些年轻人喜欢养猫，角色库里默认的角色也是一只可爱的小猫。比如，有一款 3D 版的少儿编程软件 Alice，虽然流行程度远不如 Scratch，但它的名字跟 Scratch 一样可爱：Alice 是英国童话《爱丽丝梦游仙境》（Alice's Adventures in Wonderland）的主人公。Java 语言经常在编程语言流行排行榜上与 Python 互有胜负，可见其受欢迎程度；其名字源于爪哇岛——爪哇的英文就是 Java。为什么要用爪哇命名一门编程语言呢？因为爪哇盛产咖啡，而程序员们普遍熬夜，全靠咖啡来提神。再比如，最近几年被誉为"区块链最佳编程语言"的 Rust，其名称源于真菌里的锈菌。Rust 开发团队希望这门语言像锈菌一样拥有顽强的生命力，连 LOGO 都是参照锈菌的样子设计的。此外还有 Swift 语言：swift 作为形容词其含义为"迅捷的"，作为名词其含义是"雨燕"，开发者希望 Swift 程序的运行速度像飞翔的雨燕一样迅捷。还有很多类似的例子。

闲言少叙，我们接着说 Python。吉多·范罗苏姆在发明 Python 之前，为这门语言设定了简洁和易读的目标特点，他做到了吗？拿 Python 跟 C 语言做做比较，我们就会得出结论。

编程语言第一课，我们往往会被老师要求在电脑屏幕上输出"Hello world"。若用 Python 语言，只需 1 行代码：

```
print('Hello, world！')
```

用 C 语言，至少需要 3 行：

```
#include <stdio.h>
int main()
{printf("Hello, World！\n");}
```

而为了使代码具备可读性，C 语言常常写成 6 行：

```
#include <stdio.h>
int main()
{
    printf("Hello, World！\n");
    return 0;
}
```

judg判断一门编程语言是否简洁，关键看代码量。比如，实现同一种功能，甲语言至少要写 m 行代码，乙语言至少要写 n 行代码，如果 $m<n$，我们就说甲语言比乙语言简洁，如果 $m>n$，则乙语言就比甲语言简洁。为了输出"Hello world"，Python 写 1 行就够，C 语言至少写 3 行，谁更简洁？一目了然。

我们还可以编写代码，让电脑根据我们给定的规则做出判断。先用 Python 编写：

```python
m = Python = 1
n = C = 3
if m < n:
    print('Python 更简洁 ')
else:
    print('C 更简洁 ')
```

可以看到，总共6行代码：第一句用变量 m 代表 Python 的代码量，赋值为1；第二句用变量 n 代表 C 语言的代码量，赋值为3；后面几句使用判断语句 if…else…，如果 $m<n$，输出"Python 更简洁"，否则输出"C 更简洁"。

当然，不必运行代码，我们也能猜到结果是"Python 更简洁"，展示这段程序的意义是让大家直观感受一下 Python 的代码格式。

下面再用 C 语言编写与上面功能完全相同的赋值语句和判断语句：

```c
#include <stdio.h>
int main ()
{
 /* 局部变量 m 代表 Python 的代码量 */
    int m = 1;
 /* 局部变量 n 代表 C 语言的代码量 */
    int n = 3;
    if( m < n )
    {
    printf("Python 更简洁 \n");
    }
    else
    {
```

```
        printf("C 更简洁 \n");
    }
    return 0;
}
```

上述这一堆 C 代码和前面 Python 代码的逻辑一模一样，都是先给变量赋值，再用 if…else… 判断，最后输出判断结果。然而，Python 只用 6 行，C 语言却有 17 行之多。更令编程初学者感到头大的是，这 17 行 C 代码看起来很难懂，很难分清层次；也就是说，就算是你学会了 C 语言的语法规则和程序结构，也要仔细辨认那些花括号，才能搞清楚计算机会优先执行哪几行代码，因为 C 语言的其中一个特点就是用数不清的花括号来给代码分出优先级。

再看 Python，它摒弃了花括号（唯有在创建"字典"变量时会用到），改用强制缩进的方式给代码分层：从左边看，缩进越多的行，越会被优先执行。

if…else… 语句在 C 语言编程环境下可以上下对齐，不缩进：

```
if 条件表达式成立
{
执行语句 1
}
else
{
执行语句 2
}
```

也可以随心所欲，根据心情随意缩进：

```
if  条件表达式成立
            {
        执行语句 1
}
    else
    {
        执行语句 2
                    }
```

无论缩进与否，C 语言编译器都不会报错，因为它只看花括号。

但在 Python 编程环境下，缩进是强制的，有极其明晰的规则，只有正确缩进的代码才能被执行。所以，Python 代码层次分明，非常容易被肉眼识别；换句话说，Python 代码具有更强的可读性。

将 Python 当成超级计算器

安装上 Python，配置过 Path，介绍完 Python 的历史和特色，接下来就让我们试试 Python 的第一门功夫：计算。

从"开始"菜单里找到 Python3.8（或其他任意版本），点开折叠项，可以看到 IDIE，它是 Python 初学者最常使用的编程环境，叫作"Python 解释器"。Python 既有解释器，也有编译器，解释器和编译器都能把我们输入的代码翻译成计算机芯片能执行的指令，但它们的具体功能和运作方式并不相同。究竟有什么不同？暂时不用管，在本书第三章我们会细讲。

打开 Python 解释器后可以看到一个白底黑字蓝边框的窗口，窗口前两行是 Python 的版本信息，版本信息下面有一个">>>"和跳动的光标"_"，该光标后面就是编写代码的地方。

随意在光标后面输入一个加法算式，例如"89+52"，敲回车键，下面立刻蹦出一组蓝色数字"141"，那就是正确的计算结果。再输入一个减法算式，例如

"50089.6-423"，单击回车键，下面又蹦出一组蓝色数字"49666.6"，也是正确的
计算结果。

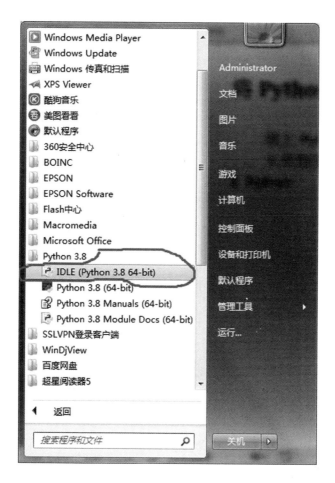

能不能输入乘法算式或者除法算式呢？没问题。但你必须了解的是，在
Python语言里，相乘符号不能写成 ×，必须用 * 代替；相除符号也不能写成 ÷，
必须用 / 代替。

不妨试着用一用 × 和 ÷ 这两个符号。输入"3×4"，点击回车键。看到了
什么？对，一行红色的英文："SyntaxError: invalid character in identifier"。再输入
"3÷4"，蹦出来的还是这行红色英文。红色表示警告，这行英文的意思是：语法
错误，代码里面有非法字符！

```
IDLE Shell 3.8.7
File  Edit  Shell  Debug  Options  Window  Help
Python 3.8.7 (tags/v3.8.7:6503f05, Dec 21 2020, 17:59:51) [M
SC v.1928 64 bit (AMD64)] on win32
Type "help", "copyright", "credits" or "license()" for more
information.
>>> 3×4
SyntaxError: invalid character in identifier
>>> 3÷4
SyntaxError: invalid character in identifier
>>> 3*4
12
>>> 3/4
0.75
>>>
```

　　输入"3*4"。这回正常了，下面一行出现乘积结果"12"。输入"3/4"，正确的商结果"0.75"也出现了。很明显，对 Python 来说，通常情况下我们进行笔算时应用的 × 和 ÷ 属于非法字符。

　　其实，所有流行的编程语言都将 × 和 ÷ 视为不可识别的计算符号，有兴趣的读者可以试试 C 语言、C++、C#、Rust、Java、Perl、PHP、Ruby、Swift、go 等来验证一下。

　　为什么各大编程语言连最简单的乘除符号都不认识呢？这要从电脑的基本原理讲起。

　　我们都知道，电脑对所有事情的处理，其原理都是在做计算，并且只能用机器语言做计算。用电脑放电影、打游戏、编文档、看图片、收发邮件、检索资讯等，归根结底就是将一切信号翻译成机器语言，也即，翻译成 0 和 1 的不同组合。既然要翻译成 0 和 1 的组合，那就必须规定哪个组合代表相加，哪个组合代表相减，哪个组合代表相乘，哪个组合代表相除，哪个组合代表小写字母 a，哪个组合代表大写字母 B，哪些组合分别对应阿拉伯数字的 0 到 9，哪些组合分别对应我们常用的那些标点符号。

　　制作一个庞大的表格，将数字、字母、标点、计算符号与 0、1 组合一一对应，这个过程被称为"计算机编码"。1963 年，美国人公布了第一张计算机编码表，名为 American Standard Code for Information Interchange（美国信息交换标准代码），简称 ASCII（注：很多程序员误将 II 当成罗马数字 II，将 ASCII 读成 ASC2。其实这是错的）。

ASCII 规定，00101011 对应键盘上的 +，表示相加；00101101 对应键盘上的 -，表示相减；00101010 对应键盘上的 *，表示相乘；00101111 对应键盘上的 /，表示相除。换言之，世界上第一张计算机编码表里根本没有 × 和 ÷ 的对应代码，而是用 * 代替 ×，用 / 代替 ÷。

从 1963 年到现在，计算机编码表不断扩充，最初只有数字、标点、计算符号和英文字符的编码，后来陆续加入声音、图像以及中文、日文、韩文、俄文等各国文字的编码。我们平常用电脑输入汉字，用到的编码表就有 ANSI、Unicode、utf-8 等。但不管是哪种编码表，都必须成为国际标准编码表，都必须跟 ASCII 保持一致，否则全球各电脑之间将无法正常交换信息。

既然最早的计算机编码 ASCII 是用 *、/ 代替 ×、÷，那么后来的计算机编码也就都须这样做。既然计算机编码的乘除符号是 * 和 /，那么建立在编码表之上的各种编程语言也必须采用 * 和 /。所以我们写程序的时候，只能用 * 表示相乘，用 / 表示相除。

初中数学课程中已有关于"乘方"运算的知识。乘方有底数和指数，指数以上标的形式写在底数右上角，例如，9^3 表示 9 的 3 次方，6^8 表示 6 的 8 次方。计算机编码表里有没有乘方运算符号？有，但却用 ** 表示：9**3 表示 9 的 3 次方，6**8 表示 6 的 8 次方。所以在绝大多数编程语言里，乘方也须写成 **。

来，试一下 Python 解释器的乘方运算。在光标后面输入"15**4"，显示结果"50625"，表示 15 的 4 次方是 50625。再输入一行"234**6"，显示结果"164170508913216"，表示 234 的 6 次方是 164170508913216。

能不能做一个加减乘除再带乘方的混合运算？完全没问题。比如，我在 Python 解释器里输入一行比较长的混合算式：

```
>>>  (185556-155)/6+(888815+5888888)*9+14884**2-15558*7/3-
35**2*3
```

点击回车键，仍然是迅速得出结果：

```
282523706.1666667
```

Python 解释器处理混合算式，有一套非常精确的计算顺序：如果有括号，优先计算括号里面的式子，再算乘方，再算乘除，最后算加减；如果没有括号，优先计算乘方，再算乘除，最后算加减；如果没有括号和乘方，先算乘除，再算加减；如果括号外面还有括号，外面的括号外面又有括号，那先里层后外层，一层一层地由里往外算，跟剥洋葱的顺序刚好相反。

下面这行算式就包含多层括号：

```
>>>  (690+15* (63+ (3* (25-4) *78+35/7*15) ) )*4-25**3
```

点击回车键，出结果：

```
290255.0
```

Python 解释器先算最内层括号里的"25-4"，得 21；再算"3*21*78"，得 4914；再算 $4914+35 \div 7 \times 15$，得 4989；再算 63+4989，得 5052；再算 15×5052，得 75780；再算 690+75780，得 76470；再算 76470×4，得 305880；再算 $305880-25^3$，结果刚好是 290255。

我们在中小学时期学习混合运算时，常常遇到多层括号，我们会分成小括号、中括号和花括号：小括号（）放在里层，中括号 [] 放在外层，花括号 {} 放在最外层。而 Python 语言有功能强大的解释器和编译器，能自动识别和正确推断多层括号的运算顺序，反而不识别算式当中的中括号和花括号。

不妨试着输入一个简单的算式：{[(3+4)-5]+8-7}+1。点击回车键，Python 解释器报错：

```
Traceback (most recent call last):
    File "<pyshell#0>", line 1, in <module>
    {[(3+4)-5]+8-7}+1
TypeError: can only concatenate list (not "int") to
list
```

其中，"TypeError"后面的英文警告的意思是，不要用列表去链接一个不是列表的东西。

为什么 Python 解释器会给出这样的警告？因为在 Python 语法里，中括号 [] 只能用来构建列表（Python 使用最频繁的一种数据结构），解释器一看见"[(3+4)-5]"，就把它当成了一个列表。"列表 +8"这样的格式是不被 Python 允许的。

"[(3+4)-5]+8-7"外面还有花括号 {}，而在 Python 语法里，{} 只能用来构建字典（Python 的另一种数据结构），所以 {} 同样不能在算式中出现。

Python 擅长计算。我们初学 Python 时，可以将 Python 解释器当成一个超级计算器来用，进行加、减、乘、除、乘方、开方、面积、体积、求余、阶乘、对数、分数、三角函数、矩阵、微分、积分等运算；前提是，我们必须掌握 Python 的语法规则，并且在输入算式时严格遵循这些规则。

是黄蓉算错了，还是 Python 算错了？

《射雕英雄传》第二十九回中，黄蓉初见"神算子"瑛姑，瑛姑正在"计算五万五千二百二十五的平方根"，算了半天都没有结果。

计算 55225 的平方根，属于开方运算，人工推算当然很慢，但对 Python 来说，绝对是小菜一碟。

打开 Python 解释器，输入两行代码：

```
>>> import math
>>> math.sqrt(55225)
```

第一行代码"import math"，意思是把数学计算标准库 math 导入内存。所谓标准库，即为 Python 开发人员提前编写好的工具包，只要导入进来，就能为我们所用。Python 有许多这样的工具包，其中 math 工具包专门用于常见的数学计算，包括乘方、开方、四舍五入、求余、求阶乘、求公约数、求公倍数、求对数、求三角函数、求反三角函数……

第二行代码中，"sqrt"是 Square Root（平方根）的缩写。在工具包 math 后面加一个小圆点"."，表示要从这个工具包里取出某一个工具。在小圆点后面输入"sqrt"，表示要取出的工具是 sqrt。在"sqrt"后面继续输入小括号，在小括号里输入数字"55225"，表示将要从 math 工具包里取出平方根工具，计算 55225 的平方根。

将以上两行代码输进去，点击回车键，答案出来了：235.0。在小说原文中，"二百三十五"这个答案是黄蓉喊出来的，瑛姑并没有算出来。

于是瑛姑不服，又算"三千四百零一万二千二百二十四的立方根"，仍然是黄蓉先报出答案："三百二十四。"

黄蓉算得对吗？用 Python 解释器验证一下：

```
>>> import math
>>> math.pow(34012224,1/3)
```

第一行代码仍然是导入 math 工具包，第二行代码"math.pow"表示从 math 工具包里取出 pow。pow 是英文单词 power 的缩写，power 有"力量"的意思，也有"乘方"的意思。"math.pow(34012224,1/3)"，即为计算 34012224 的 1/3 次方。我们知道，乘方是开方的逆运算，34012224 的 1/3 次方等于对 34012224 开立方。点击回车键，答案是 323.9999999999999。

黄蓉喊的答案是 324，Python 算出来却是 323.9999999999999，为什么？是 Python 算错了？还是黄蓉算错了？很不幸，Python 算错了。

咦？不对啊，Python 不是号称"超级计算器"吗？怎么会在一个小小的开方运算上"翻车"呢？因为刚才将开方运算转化为乘方运算时，用到了一个除不尽的分数：1/3。

从数学意义上说，所有的分数都能转化为小数，但除不尽的分数只能转化为无限循环的小数。例如，1/3 等于 0.33333333…小数点后面的 3 无限循环；1/7 等于 0.142857142857…小数点后面的 142857 无限循环；1/13 等于 0.076923076923…

小数点后面的 076923 无限循环。遇到类似 1/3、1/7、1/13 这样的分数，电脑并不真的将其转化成无限循环的小数，毕竟内存和算力不可能无限扩展。

在 Python 解释器里，将 1/3 默认等于 0.3333333333333333，保留了 16 位小数，精度已经相当之高。要是在代码中加以处理的话，精度还可以更高。问题是，即便在小数点后面保留几千万个 3，也不能完美等于 1/3。当我们让 Python 计算 34012224 的 1/3 次方时，解释器计算的实际上是 34012224 的 0.3333333333333333 次方，于是一个小小的误差就出现了——跟理论上应该出现的结果 324 相比，Python 报出的结果差了那么一点点。

再举个类似的例子：利用 Python 计算 1000 的立方根，也就是 $\sqrt[3]{1000}$ 。我们知道 $\sqrt[3]{1000} = 1000^{\frac{1}{3}}$ ，在解释器中调用 math，输入指令 "math.pow(1000,1/3)"，理论上的结果该是多少？答案是 10。可是电脑必须将除不尽的分数处理成近似相等的小数，Python 算的不是 $1000^{\frac{1}{3}}$ ，而是 $1000^{0.3333333333333333}$ ，于是报出的答案变成了 9.999999999999998。

怎样才能让 Python 报出理论上应该出现的开方结果呢？答案是编程解决。最简单的方法就是，使用 Python 自带的四舍五入函数 round，编写几行代码，打造一个相对称手的开方"神器"。

```
def rooting(radicand,n):
    # 导入数学计算标准库 math
    import math
    # 对开方根求倒数，将开方运算转化为乘方运算，用 math.pow 算出原始结果
    o_root = math.pow(radicand,1/n)
    # 用四舍五入函数 round 处理原始结果
    root = round(o_root,4)
    # 将处理后的结果作为返回值
    return(root)
    # 卸载 math 标准库，腾出内存空间
    del math
```

将以上代码输入解释器，等于将我们自己打造的开方"神器"借给了

Python。在解释器没有关闭和重启的前提下，这个取名为 rooting 的开方"神器"可以随时取用，随时算出任何一个数字的任何次方。

想算 1000 的立方根？没问题，在解释器里输入"rooting(1000,3)"，结果是10，不再是近似值 9.999999999999998。

想算 34012224 的立方根？输入"rooting(34012224,3)"，结果是 324，不再是近似值 323.9999999999999。

换个更大的数试一试，算 993020965034979006999 的 7 次方根，输入"rooting(993020965034979006999,7)"，结果是 999，非常完美。如果还用标准库 math 的 pow 函数来算呢？输入"math.pow(993020965034979006999,1/7)"，只能得出近似值 998.9999999999997。

由此可见，我们完全可以利用自己编写的代码，对 Python 开发团队已经开发好的武器做出优化，让到手的"神器"更加好用。好比你得到一把屠龙刀，吹毛立断，削铁如泥，锋利是锋利了，可惜太重，抢不动，那就想办法将这把刀变轻一些。

遇到浮点数，拿出工具包

把 Python 解释器当成超级计算器应用的时候，你还会发现一些更加奇怪的与常识相悖的情况。比如说，1-0.7，用不着编程，口算就知道，应该等于 0.3，然而 Python 给出的结果却是 0.30000000000000004。再看 4-3.6，应该等于 0.4，Python 给出的结果却是 0.3999999999999999。

这可是最简单的减法运算，被减数和减数都是有理数，并且都没有无限循环，照理说，电脑用不着像处理除不尽的分数那样取近似值，为何结果是保留一长串小数的近似值呢？

想解释清楚这个问题，还得回到电脑原理上。

我们日常使用的计算机之所以被称为"电脑"，一是因为它要用电来驱动，电流在数以亿计的晶体管中通过或断开；二是因为它处理数据的速度超快，几乎可以像大脑一样处理各种问题。

电脑处理任何一种问题的时候，例如显示文档、播放歌曲，例如做科学计算，例如我们在上面打游戏，以及运行我们自己编写的各类程序，那些小到肉眼不可见的晶体管中都会有电流通过或断开。电流通过，相当于数字 1；电流断开，相当于数字 0。当然，反过来也行，将电流断开记为 1，将电流通过记为 0。总而言之，电脑底层的计算单元只能识别 0 和 1，所以输入给电脑的任何信号都须被处理成 0 和 1。

0 和 1 通过很简单的"逢二进一"的方式排列起来，却能表示任意有限大的整数，这就叫"二进制"。比方说，0 可以用 0 表示，1 可以用 1 表示，到 2 就进一位，用 10 表示。3 呢？用 11 表示。4 用 100 表示，5 用 101 表示，6 用 110 表示，7 用 111 表示，8 用 1000 表示，9 用 1001 表示，10 用 1010 表示，20 用 10100 表示，30 用 11110 表示……

不熟悉二进制的朋友乍听起来，会觉得头大，其实原理很简单：二进制数中的每个 0 都是 $0 \times 2^{n-1}$，每个 1 都是 $1 \times 2^{n-1}$，其中指数里的 n 就是进位。以十进制整数 57 为例，它等于 $1 \times 2^0 + 0 \times 2^1 + 0 \times 2^2 + 1 \times 2^3 + 1 \times 2^4 + 1 \times 2^5$，换成二进制，个位是 1，十位是 0，百位是 0，千位、万位、十万位都是 1，写出来就是 111001。

还有一点很重要，我们在生活和工作中会高频次地用到小数。小数用二进制怎么表示呢？计算机科学家研究出了一个尽可能精确的方法：整数部分仍然换算成 $0 \times 2^{n-1}$ 和 $1 \times 2^{n-1}$ 相加，小数部分则要换算成 $0 \times 2^{1-n}$ 和 $1 \times 2^{1-n}$ 相加。

n 是进位，大于等于 1，所以 $n-1$ 大于等于 0，$0 \times 2^{n-1}$ 和 $1 \times 2^{n-1}$ 相加永远是整数；但 $1-n$ 小于等于 0，当 $1-n$ 小于 0 的时候，2^{1-n} 就成了分数，$0 \times 2^{n-1}$ 和 $1 \times 2^{n-1}$ 相加肯定也是分数。分数有的能除尽，有的不能除尽，如果除不尽，就成了无限循环小数。电脑遇到无限循环小数怎么办？还是像处理 1/3 那样，被迫取一个近似值。所以 Python 遇到小数时，常常取近似值。

就拿 0.7 这个再普通不过的小数来说吧：你在 Python 解释器里输入的是 0.7，实际上电脑将其处理成了 0.699999999 或者 0.700000001；你让 Python 计算 1-0.3，实际上是用 1 减去 0.3 的近似值。

千万不要以为 Python 是一门很笨的编程语言，换其他任何一门编程语言试试，都会将一个并不复杂的小数变成近似值，进而导致一个看似简单的减法运算出现误差。没办法，这就是机器运算的局限性。

如果不信，不妨在 C 语言编程环境下输入以下代码验证一下：

```
#include <stdio.h>
int main()
{
    int a = 1;
    float b = 0.7;
    float c;
    c = a + b;
    if(c == 1.7)
        printf("C 语言算出 1+0.7 等于 1.7\n");
    else
        printf("C 语言算出 1+0.7 等于 %.10f\n",c);
    return 0;
}
```

以上代码：让 C 语言计算 1+0.7，假如结果等于 1.7，就输出 "C 语言算出 1+0.7 等于 1.7"；假如计算结果不等于 1.7，就将计算结果保留十位小数报出来。

运行代码，结果如下：

C 语言算出 1+0.7 等于 1.7000000477

你看，小学生都知道 1+0.7 等于 1.7，C 语言却认为 1+0.7 等于 1.7000000477。原因无他，还是因为电脑将十进制小数转化成二进制时，不得不对 0.7 取了近似值。

前述代码中有一行 "int a = 1"，意思是定义一个整数 a，将 a 赋值为 1；还有一行 "float b = 0.7"，意思是定义一个浮点数 b，将 b 赋值为 0.7。整数容易理解，浮点数又是什么呢？

我们粗略地理解：可以将浮点数当成小数。但我们想对编程语言有所了解，必须从计算机原理层面去把握浮点数的内涵。所谓浮点数，其实是电脑用 $0 \times 2^{n-1}$ 和 $1 \times 2^{n-1}$ 相加表示的二进制数。这样的二进制数常常要取近似值，所以得到的计算结果也常常是近似值。

　　一般情况下做计算，有近似值就行了；数学上做计算，近似值却未必符合要求。怎么才能让编程语言在做浮点数运算的时候给出准确值呢？Python 开发人员提供了 decimal 标准库，它是 Python 自带的精确计算工具包，可以避免浮点数造成的计算误差。你一看这名字——decimal，翻成中文即"十进制"。十进制是没有浮点数的，所以，将用户输入的小数转换成精确对应的十进制数，就能避免计算误差。

　　那么，我们怎么使用这个工具包呢？跟使用 math 标准库一样：先导入内存——import decimal。导入以后呢？再从工具包里取出 Decimal 工具——decimal.Decimal()。"Decimal"后面的小括号里可以输入小数，也可以输入整数，甚至可以输入加减乘除算式。

　　我们来试一下：

```
>>> import decimal
>>> decimal.Decimal(1-0.7)
```

结果竟然是这样的：

```
Decimal('0.30000000000000004440892098500626161694526672363 28125')
```

　　本小节开头，没有使用精确计算工具包，直接在 Python 解释器里输入"1-0.7"，结果是 0.30000000000000004，出现了误差；如今用了 decimal.Decimal()，小数点后面出现了更多数字，仍然有误差。所以，所谓的精确计算到底精确在哪里呢？

　　不要急，我们优化一下代码：

```
>>> # 将数值不确定的浮点运算，转化为数值确定的十进制运算
>>> def float_to_decimal(data_or_expression):
    # 先将输入的数字或算式转换成字符串
    number = str(data_or_expression)
    # 再导入精确计算标准库 decimal
```

```
import decimal
# 使用精确计算工具包，算出精确结果
result = decimal.Decimal(number)
# 输出精确结果
print (result)
# 卸载 decimal 标准库，腾出内存空间
del decimal
```

以上代码构造了一个全新的函数（本书第四章将详细介绍"函数"和"自定义函数"），取名 float_to_decimal，即"从浮点数到十进制"。以上代码中，函数后面小括号里的"data_or_expression"属于"参数"，代表即将处理的数据或算式。

如果有数据（例如，2.68）或算式（例如，15-0.49）传给 float_to_decimal 函数，将先被转换成字符串（2.68 转换成'2.68'，15-0.49 转换成'15-0.49'），再被 decimal.Decimal() 算出精确结果。

这里又出现一个新概念：字符串。在任何一门编程语言中，字符串和浮点数都是极其常见的数据类型。你给电脑输入同样的内容，输入方式不一样，被电脑存储的数据类型也不一样。输入"0.3"，电脑立刻将其存储成近似相等的浮点数；如果在 0.3 外面加上单引号或者双引号（必须使用英文状态的引号），电脑就会将其存储成字符串。字符串不会被近似处理，你输入的是什么，电脑存储的就是什么。例如，上述代码中之所以有一行"number = str(data_or_expression)"，就是将数据或算式转换成字符串，以免电脑将小数存为浮点数的时候再来个"近似相等"。

但字符串不能直接参与数学运算。比如，见到算式 15-0.49，这是可以计算的；然而当式子变成"15"-"0.49"，这下麻烦了，两个文本相减，怎么减？所以还要拿出 decimal 工具包，用 decimal 的 Decimal 工具在字符串和数字之间来回切换，既能完成计算，又能杜绝"近似相等"造成的误差。

代码解释完了，现在调用 float_to_decimal 函数，试试效果怎么样：

```
>>> float_to_decimal(1-0.7)
0.3

>>> float_to_decimal(1+0.7)
1.7

>>> float_to_decimal(4-3.6)
0.4

>>> float_to_decimal(15-0.49)
14.51
```

通过结果我们可以看到，每次算出的都是精确值，成功消除了浮点数运算的误差。

变量：江湖上的未知数

我们再回溯一下前面两小节中的代码。

为了在小数运算中消除浮点数误差，我们编写了自定义函数 float_to_decimal，其中有一行代码："number = str(data_or_expression)"。等号左边那个"number"，其实就是人为创建的变量。

为了使程序在开方运算中报出理论上应该出现的正确结果，我们编写了自定义函数rooting，其中有一行代码："root = round(o_root,4)"。等号左边那个"root"，也是人为创建的变量。

所谓"变量"，类似于代数里的未知数。比如这道应用题：全体学生乘坐若干辆一模一样的校车去春游，如果每辆校车坐 45 人，有 10 人不能上车，如果每辆校车坐 50 人，又会有一辆校车空着，请问共有多少辆校车？设校车有 x 辆，列出方程：

$$45x+10=50 \times (x-1)$$

解得 $x=12$，共有 12 辆校车。

在这里，代表校车数量的未知数 x 就是一个变量。

如果利用编程来解这道题，可以在 Python 解释器里输入以下 3 行代码：

```
>>> for x in range(1,1001):
        if x*45+10 == 50*(x-1):
            print('校车共有',x,'辆')
```

编程思路是这样的：一所学校只要有校车，那就不可能少于 1 辆，也不太可能超过 1000 辆。创建变量 x，代表校车数量，并让该变量的具体值从 1 逐步增加到 1000（range 的参数 1 和 1001 表示从 1 到 1000，而不是从 1 到 1001）。当增加到某个数值时，恰好能满足关系式 $45x+10=50×(x-1)$，那就报出答案；否则就让电脑告诉我们，这所学校的校车数量不在 1 到 1000 的整数范围内。

运行程序，Python 解释器报出正确答案：

校车共有 12 辆

虽说变量很像未知数，但其内涵要比未知数丰富得多。数学概念里的未知数只能是数字，编程语言里的变量可以是任何信息，包括数字、文本、文档、声音、图像、视频……

你可以在 Python 解释器里输入"x = 4"，此时 x 成了整数，称为"整型变量"；也可以输入"x = 0.4"，此时 x 成了小数，称为"浮点型变量"；还可以输入"x = 'Hello，武侠编程'"，此时 x 成了文本，称为"字符串变量"。

整型、浮点型、字符串，都是编程语言里常见的数据类型，也都是常用的变量类型。除此之外，Python 常用的数据类型还有布尔型、列表、元组、字典。

布尔型变量只有两个值：True 和 False。当布尔值为 True 时，代表某个条件得到了满足；当布尔值为 False 时，代表某个条件没得到满足。创建布尔型变量很容易，输入"x = True"或者"x = False"即可。其中"x = True"表明创建布尔型变量"x"，赋值为 True；"x = False"表明创建布尔型变量"x"，赋值为 False。

列表是用中括号和英文逗号创建的一串包含若干元素的信息。输入"x = [' 武侠编程 ',12,0.98,2**8,3/7]"，就创建了一个列表变量。这个列表变量的名字是 *x*，包含 5 个元素，其中，"' 武侠编程 '"是字符串，"12"是整型，"0.98"是浮点数，"2**8"和"3/7"是表达式（暂时可以将"表达式"理解为算式）。

列表里的每个元素都有位置，术语称其为"索引"。索引从 0 开始，从左到右依次增加。当列表 *x* 创建以后，输入"x[索引]"，将从 *x* 列表中读取索引指向的元素。例如，"x[0]"读取第一个元素 ' 武侠编程 '，"x[1]"读取第二个元素 12，"x[2]"读取第三个元素 0.98……输入"x[0:3]"呢？则将同时读取第一个元素、第二个元素和第三个元素，然后生成一个新的列表。

列表里的元素可以增加，也可以删除。输入"x.append(' 这是个新元素 ')"，即表示：将在刚才创建的列表 *x* 里增加一个字符串"' 这是个新元素 '"；输入"x.remove(' 这是个新元素 ')"，即表示：将刚刚增加的那个字符串元素从列表 *x* 中删掉。

其中，与列表相似的一种数据类型称为"元组"。元组也是一串包含若干元素的信息，需要用小括号和英文逗号来创建。输入"x = (' 武侠编程 ',12,0.98,2**8,3/7)"，就创建了一个名叫 *x* 的元组。跟列表相比，元组显得规则较死板，创建以后只能读取，不能修改。例如，增加一个元素、删除一个元素、把元素顺序打乱重组等这些动作，在列表里可以操作，在元组里就不行。

元组是由小括号和英文逗号创建的，列表是由中括号和英文逗号创建的，另一种数据类型"字典"则是用花括号、英文逗号和英文冒号创建的。比如说，我想给《射雕英雄传》里的武林高手及其武力值创建一个字典，可以这样输入：

```
>>> x = {' 王重阳 ':100,' 欧阳锋 ':95,' 老顽童 ':90,' 郭靖 ':80,
' 洪七公 ':90,' 黄药师 ':90,' 一灯大师 ':90,' 裘千仞 ':70}
```

该字典表示：王重阳武功天下第一，打 100 分；倒练《九阴真经》的欧阳锋位列其次，打 95 分；老顽童、洪七公、黄药师和一灯大师的武功不分伯仲，均打 90 分；后起之秀郭靖的功夫稍逊，打 80 分；裘千仞功夫更逊，打 70 分（读者们完全不用在意这些打分是否客观，我只是通过这个例子来说明字典是怎样创建的）。

字典里的每项元素都由两部分构成，冒号前面的部分叫"键"（key），冒号后面的部分叫"键值"（value）。通过字典.get(键)的方法，可以读取对应的键值。比如说我想查看郭靖在字典 x 中的武力值，输入"x.get(' 郭靖 ')"，Python 解释器将报出 80；想查看黄药师在字典 x 中的武力值，输入"x.get(' 黄药师 ')"，解释器将报出 90。这个过程很像小学生查字典，对吧？其实每一个字典变量都可被视为一部虚拟的字典。

在前面所举的例子中，无论列表、元组、字典，还是整型、浮点型、字符串，全用一个变量 x 来创建。这样做虽然并不违反 Python 的语法规则，但我们在实际编程过程中应尽量避免。一个真正的程序要创建的变量不仅有很多个，而且有很多种，为了避免混淆，为了让代码清晰、可读、易懂，变量命名必须规范起来。

什么样的变量命名才能算规范呢？首先是符合语法规范，其次是符合阅读规范。

Python 变量的语法规范包括：每个变量名都只能以字母开头；字母可以大写也可以小写；字母后面可以使用数字；单个变量名内部不能出现空格；不能用 -=*、/|\~!&%$# 等标点符号和计算符号，但可以使用下划线。

例如，x、x123、x_y、x__y、name6_7、apple、Apple、APPle 等都是合乎语法规范的变量名；但像 123x、x+y、x/y、x y、6-7name、app%3le、#apple 等就不符合语法规范了，解释器里会报错。

阅读规范又是指什么呢？就是尽量使用英文单词或者单词缩写来命名变量，多个单词或单词缩写之间尽量使用下划线分隔（或者以首字母大写的形式分隔），单词前面最好再用 Python 关键字标注变量类型。

比如说，为武林高手创建一个字典变量，不妨命名为 dict_master，其中 dict 是英文单词 dictionary（字典）的缩写，也是 Python 语言环境下默认代表字典变量的关键字，master 则表示功夫大师，意思是我们创建的这个字典变量与功夫大师有关。dict 表明变量类型，master 表明变量内容，两者中间用下划线分隔，意义一目了然。再比如，为校车数量创建一个对应的变量，不妨命名为 int_SchoolBus，其中 int 表示整型（校车数量肯定是一个整数），SchoolBus 表示校车，school 和 bus 两个英文单词的首字母都大写，其含义也是一目了然。

　　Python 和其他绝大多数编程语言都不允许用中文命名变量，但可以换成不加声调的汉语拼音。初学编程的朋友图省事，喜欢在代码里使用拼音，看似简单，但实际上会带来无穷无尽的麻烦。比如，你把 int_SchoolBus 改成 xiaocheshuliang，把 dict_master 改成 wulingaoshou，别说其他人看不懂，间隔时间长了连你自己都看不懂。

　　关于 Python 常用的各种变量，我们用了大量篇幅讲它们的概念，却未必知道它们的具体应用。所以，有必要应用一个程序实例来论证其具体应用。什么样的程序实例呢？使用词典和列表，让电脑对文学作品做词频分析。

　　以下代码是我以前编写的词频统计程序。全部代码加上注释仅有几十行，但却用到了整型、布尔型、字符串、列表、词典等多种变量。

```python
''' 分析一部长篇小说，列出使用频率最高的词语 '''

# 导入三方库 jieba（该工具包有强大的中文切词功能）
import jieba

# 输入待分析的文本名。如果该文件字符集不是 utf-8，先转换成 utf-8
file = input('请问您要分析哪部小说？ ')
# 设定文件路径和文件类型
file_path  = 'D:\\ 武侠编程 \\ 金庸全集 \\'
file_type  = '.txt'
# 将该文件读入内存，如果遇到不能识别的文本编码，则忽视之
path_txt = open(file_path+file+file_type,'r',encoding =
'utf-8',errors = 'ignore')
# 读取整个文本
txt = path_txt.read()
# 用 jieba 的精确模式进行分词，然后存为列表
list_words = jieba.lcut(txt)
```

```
# 标点和换行符号不纳入统计范围
dict_excludes = {',','--',' ',';','。','!','?',','
…','\n'}
# 初始化词频字典
dict_counts = {}

print()
print('下面开始分析——')
# 开始统计词频
for word in list_words:
    # 单字词语不纳入统计范围
    if  len(word) == 1:
        continue
    # 遍历所有词语，单个词语每出现一次，其词频加1
    else:
        dict_counts[word] = dict_counts.get(word, 0) + 1

# 将每个词语的词频转化成列表
items = list(dict_counts.items())
# 对所有词语的词频按高低排序
items.sort(key = lambda x: x[1], reverse = True)

# 格式化输出排名前一百的词语及其出现次数
print()
for i in range(1,101):
    word,count = items[i]
    print('{0:<5}{1:>5}'.format(word, count))

# 导入标准库 time，让结果延时
import time
time.sleep(30)

# 卸载标准库 time 和三方库 jieba，腾出内存空间
del time
del jieba
```

运行程序；电脑提示"请问您要分析哪部小说"；输入"射雕英雄传"，敲回车键；几秒钟后报出结果。

郭靖	2556
黄蓉	1701
洪七公	1043
说道	1035
一个	1015
欧阳锋	1009
自己	968
甚么	954
师父	845
黄药师	836
心中	759
武功	757
两人	698
咱们	670
只见	669
一声	666
周伯通	664
丘处机	600
不是	596
不知	585
他们	577
知道	544
功夫	539
只是	531
心想	522
当下	509
欧阳克	493
这时	492
梅超风	484
之中	455
爹爹	447
出来	436
原来	428
不敢	423
柯镇恶	416

身子	401
裘千仞	400
如此	382
却是	367
我们	363
不能	363
就是	360
突然	355
地下	355
你们	348
众人	341
成吉思汗	341
左手	334
正是	322
怎么	322
起来	321
穆念慈	321
弟子	320
如何	319
这里	317
完颜洪烈	316
杨康	315
一阵	314
不禁	314
双手	309
铁木真	309
兄弟	306
完颜康	305
眼见	304
虽然	304
二人	303
忽然	296
身上	295
可是	292
右手	289
两个	283
蒙古	275
喝道	273

问道	266
脸上	265
见到	264
今日	264
陆冠英	263
彭连虎	261
叫化	257
伸手	256
性命	252
杨铁心	250
只怕	249
拖雷	245
梁子翁	238
出去	234
之后	234
哪里	232
一招	230
敌人	230
六怪	230
难道	222
朱聪	222
说话	221
过去	221
此时	221
声音	221
下来	219

程序的运行结果表明，男主角的名字"郭靖"是《射雕英雄传》中出现频率最高的词，总共出现了 2556 次；其次是女主角的名字"黄蓉"，出现 1701 次。然后"洪七公"出现 1043 次，"欧阳锋"出现 1009 次，"黄药师"出现 836 次，"周伯通"出现 664 次，"丘处机"出现 600 次……

该程序有没有实用价值？肯定有。我有一位朋友是中国传媒大学的副教授，想研究一下世界名著《百年孤独》的作者加西亚·马尔克斯最喜欢使用的词语，让几名研究生帮忙统计了很久都没能得到准确结果。后来他们拿到《百年孤独》的电子版，再用我这个程序运行一遍，一杯茶还未喝完，统计结果立现。

这就是编程的魅力。

第三章
控制语句，三招两式

解释器和编辑器

在 Python 解释器里写代码，有好处也有坏处。

好处是可以看到即时反馈：每输完一行或者几行代码，敲回车键即出结果。若其中有哪行代码违反了 Python 的语法规则，如该缩进没缩进，该缩进两个空格却缩进三个空格，或者写错变量名、搞错变量类型，该创建字典却创建列表，该输入数字却输入字符串，Python 解释器会马上跳出一堆红色的英文字符，告诉我们有了 bug（注：指计算机程序错误、缺陷等）。

坏处呢？不适合编写较长的程序。

以本书第二章结尾处那个词频统计程序为例，区区几十行而已，把它们输进解释器，结果一定是这个样子：

大家从上述代码中可以看到，还没输完就报错，对不对？

解释器为啥报错？是因为程序有 bug 吗？并不是。真正的原因是，解释器会自动运行每一个代码块。啥是代码块？就是光标（"＞＞＞"）后面的代码。"＞＞＞"后面的代码可能是一行，也可能是好几行（第一行不缩进，下面各行缩进）。不管几行，解释器只要见到"＞＞＞"，就将其后面的代码视为一个完整的代码块。我们每输入一个代码块，解释器就自动运行一次。假如它没有从这个代码块里获取应有的数据，就认为代码有问题。

请仔细观察下图中第三行代码（即，最后一个代码块）："path_txt = open(file_path+file+file_type,'r',encoding='utf-8',errors='ignore')"。这行代码的功能是打开指定目录里的指定文档，以只读模式读进内存，以便进行下一步处理。可是，我们还没有来得及指定目录和文档（这个工作应该在最后才做）。所以，此时解释器发现没有文档可以打开，于是立即报错：

```
Traceback (most recent call last):
  File "<pyshell#9>", line 1, in <module>
    path_txt = open(file_path+file+file_
type,'r',encoding='utf-8',errors='ignore')
  FileNotFoundError:[Errno 2] No such file or directory:
'D:\ 武侠编程 \\ 金庸全集 \\.txt'
```

报错以后，还能继续输入后面的代码块吗？不能。后面几个代码块要将文本里的词语自动分开，存为列表，进而统计每个词语出现的次数。执行所有这些操作的前提是，解释器已经读到了指定的文本；鉴于它还没有读到文本，所以它将陆续报错，每输一个代码块就报错一次。结果呢？除非在前面代码块中提前指定目录和文档，否则这几十行代码的录入就属于无用功了。

所以结论很明显：解释器不适合编写超过两个代码块的程序。

除此之外，解释器还有一大弊端：很难让代码得到重复利用。

仍以词频统计程序为例，非要在解释器里编写的话，可以这样做：

```
>>> import jieba
>>> file = input(' 请问您要分析哪部小说？ ')
请问您要分析哪部小说？ 射雕英雄传
>>> file_path = 'D:\\ 武侠编程 \\ 金庸全集 \\'
>>> file_type = '.txt'
>>> path_txt = open(file_path+file+file_type,'r',encoding
= 'utf-8',errors = 'ignore')
>>> txt = path_txt.read()
>>> list_words = jieba.lcut(txt)
>>> dict_excludes = {', ','--',' ',';','。','!',
'?','…','\n'}
>>> dict_counts = {}
>>> print(' 下面开始分析——')
下面开始分析——
>>> for word in list_words:
    if len(word) == 1:
        continue
```

```
    else:
        dict_counts[word] = dict_counts.get(word, 0) + 1

>>> items = list(dict_counts.items())
>>> items.sort(key = lambda x: x[1], reverse = True)
>>> for i in range(1,101):
    word,count = items[i]
    print('{0:<5}{1:>5}'.format(word, count))
```

放弃程序注释，在执行第二个代码块"file = input(' 请问您要分析哪部小说？')"时，先指定要分析的小说是《射雕英雄传》，再依次输入后面的代码块。所有代码输完，程序正常运行，解释器不会报错，仍能给出正确的统计结果。

如果我们想分析另一部小说呢？还须严格按照上述顺序，将所有代码块依次复制一遍。这样的编程规则很麻烦，也很不友好，对不熟悉编程的朋友尤甚——比如，有个朋友想用我们的词频统计程序，你总不能专程跑去他家，给他的电脑装上 Python，再一行一行地重新输入一遍代码吧？就算你乐于助人，用这种方式帮了朋友一个忙，然后呢？一旦朋友关掉解释器，所有代码就烟消云散，下回想用还得再重新输入。

早在个人电脑刚刚兴起的年代，微软公司曾经推出过一款简单易学的编程语言——Basic。这门编程语言，可以帮助使用者做很多好玩的事情，如排列字符、播放音乐、做数学题、编写"吃豆人"小游戏等，但只要一关机，辛辛苦苦编好的程序就不见了，下回想玩自己编写的"吃豆人"小游戏，还得重头再输入一遍。Python 解释器就像早年的 Basic，无法实现代码重复利用。

Basic 不是强大的编程语言，Python 解释器也不是真正的编程环境。我们要写出较长的可复用程序，就必须退出解释器，换成编辑器。

编辑器作为我们编写代码的工具软件，至少具备三项功能：能输入代码；能修改代码；能保存代码。符合这些基本要求的工具软件有很多，比如 Windows 自带的记事本、macOS 自带的 CotEditor、Linux 自带的 nano 和 Vim，都可以被程序员当成编辑器来用。但在这些软件里，不能直接运行 Python 程序，也不容易检查出代码的语法问题。

比如在记事本里输入一行最简单的代码：

```
print('Hello, 武侠编程')
```

点击回车键，电脑没反应。将这行代码所在的记事本文件保存在电脑桌面上；之后双击鼠标打开，还是这行代码，代码无法自动运行。

那么，怎样让代码运行起来呢？必须将代码所在的文件另存为扩展名为 .py 的文件，并再打开一次。事实上，某些有独特想法的程序员就是这么写程序的：在任意一个文本编辑器里敲代码，完成后再另存为 .py 文件。

而对我们编程初学者来说，一款好用的编辑器除了能输入代码、修改代码和保存代码之外，还要能运行代码。去哪儿找一款好用的编辑器呢？其实，Python 自己就有。

先打开 Python 解释器，再点击菜单栏的"File（文件）"，选择"New File（新建文件）"，或者直接使用快捷键 Ctrl+N，一个标题为 untitled（未命名）的空白窗口蹦了出来，它就是 Python 自带的编辑器。

这款编辑器有标题栏、菜单栏，菜单栏上的"File（文件）"用来保存程序，"Format（格式）"用来设置缩进格式，"Run（运行）"用来运行程序，"Options（选项）"用来设置代码的字体和间距，菜单栏下面的空白窗口则用来输入代码。

将我们的词频统计程序输入进去。哇！好神奇！字符串自动变成绿色，注释自动变成红色，关键字（例如 print、import、input、len、list、dict、range、if、else、True、False 等，这些英文单词或单词缩写在 Python 编程环境下都有特定功能，被称为"关键字"）自动变成紫色，变量和数字自动变成黑色。编辑器将代码里的各类数据以不同颜色自动显示，在编程术语中，此类操作被称为"语法高亮"。

除了具备语法高亮功能以外，Python 编辑器还有自动缩进功能——每当下一行代码需要缩进时，编辑器就自动帮我们缩进。当然，每层代码究竟缩进多少个字符，需要我们点开菜单栏上的"Format（格式）"，提前进行设置。在默认情况下，底层代码会比上层代码缩进一个 Tab 键的位置。那么，我们将缩进设置成两个 Tab 键行不行？没问题。设置成一个空格键、两个空格键、三个空格键或者四个空格键行不行？也没问题。只要在同一个程序当中，同一层级代码的缩进格式保持一致，编译器就能正确识别和正确运行。

完成代码输入，点击"Run（运行）"，或者按下快捷键 F5 运行。也可以先不运行，点击"File（文件）"，选"Save（保存）"，取一个名字，将这个程序所在的文件保存到工作目录下，或者使用快捷键 Ctrl+S，让文件扩展名自动变成 .py。与此同时，编辑器菜单栏上会自动显示出程序名称和文件目录。

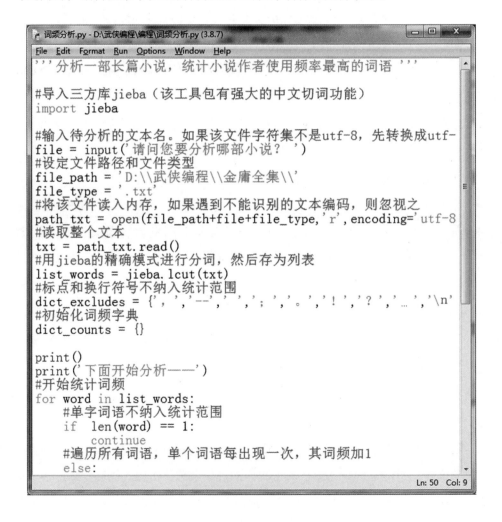

保存好的 .py 文件既能随时修改，又能重复利用。若有朋友也想使用这个程序，将 .py 文件发送给对方即可。

跟解释器相比，Python 编辑器自然是更加合适的编程工具，但专业程序员仍然觉得它的功能不够强大，而是更喜欢使用一些集成开发环境。什么是集成开发环境呢？简单说就是，编辑器加上一大堆工具包，便于团队协作，开发功能强大的应用软件。如今常用的 Python 集成开发环境有 Pycharm、Eclipse、Sublime Text 等。不过，本书只供编程初学者使用，并不能作为专业程序员的技术文档，所以后续章节里的各种示例程序主要用简洁小巧的 Python 编辑器来完成。

编译器和一灯大师

常有编程初学者误将编辑器当成编译器，其实两者完全不是一回事。编辑器的功能是编写代码，而编译器的功能是将代码翻译成机器码，也就是由 0 和 1 组成的机器语言，交给电脑去执行。我们在编写代码时，看到的只是编辑器；运行代码时，编译器才会悄悄启动。另外，编译器只在后台运行，对于前台而言是不可见的，我们看到的只是程序运行效果。

编译器和解释器有什么不同呢？前者将代码翻译成机器码，翻译完再执行；后者将代码翻译成字节码，边翻译边执行。这也是 Python 解释器能做到即时反馈的原因所在。

这里又出现了一个新概念：字节码。什么是字节码？它的样子有点儿像汇编语言，但又比汇编语言更接近机器语言。我们在 Python 解释器里写一个代码块，点击回车键，解释器立刻将这个代码块翻译成一种可以在多种硬件和多个操作系统上跨平台运行的编码形式，这就是字节码。

大家想知道字节码是什么样子吗？Python 有一个标准工具包 py_compile，负责将编写好的 .py 文件翻译成字节码。

比如说，打开 Python 编辑器，输入"print('Hello，武侠编程')"，保存到 D:\武侠编程 \ 编程 \，文件取名 hello.py；再打开解释器，输入以下 3 行代码：

```
>>>import py_compile
>>>py_file = r'D:\ 武侠编程 \ 编程 \hello.py'
>>>py_compile.compile(py_file)
```

解释器会给出回复：

```
'D:\\ 武侠编程 \\ 编程 \\__pycache__\\hello.cpython-38.pyc'
```

查看 D:\武侠编程 \ 编程 \，会发现一个名为 __pycache__ 的文件夹，文件夹里有一个名为 hello.cpython-38 的文件，扩展名是 .pyc。这个文件就是 Python 解释器自动生成的字节码。你用记事本或者其他文本编辑器打开该文件，将看到一堆乱码；对我们来说是乱码，对电脑来说却是最接近机器语言的编码。

解释器工作时，从代码块生成字节码；编译器工作时，从 .py 文件生成机器码。与编译器相比，解释器执行单个代码块的效率较高，但编译代码的层次较浅。

《射雕英雄传》第三十一回中，郭靖背诵《九阴真经》上卷末尾的梵文音译，一灯大师将其译成汉语。该段情节有助于我们理解编译器和解释器的异同。原文写道：

一灯惊叹无已，说道："此中原委，我曾听重阳真人说过。撰述《九阴真经》的那位高人黄裳不但读遍道藏，更精通内典，识得梵文。他撰完真经，上卷的最后一章是真经的总旨，忽然想起，此经若是落入心术不正之人手中，持之以横行天下，无人制他得住。但若将这章总旨毁去，总是心有不甘，于是改写为梵文，却以中文音译，心想此经是否能传之后世，已然难言，中土人氏能通梵文者极少，兼修上乘武学者更属稀有。得经者如为天竺人，虽能精通梵文，却不识中文。他如此安排，其实是等于不欲后人明他经义。因此这篇梵文总纲，连重阳真人也是不解其意。岂知天意巧妙，你不懂梵文，却记熟了这些咒语一般的长篇大论，当真是难得之极的因缘。"当下要郭靖将经文梵语一句句地缓缓背诵，他将之译成汉语，写在纸上，授了郭靖、黄蓉二人。

这《九阴真经》的总纲精微奥妙，一灯大师虽然学识渊博，内功深邃，却也不能一时尽解，说道："你们在山上多住些日子，待我详加钻研，转授你二人。"

一灯大师的翻译分成两个阶段：先是"要郭靖将经文梵语一句句地缓缓背诵，他将之译成汉语"，郭靖背一句，他翻译一句，该过程颇像解释器的工作内容。郭靖背诵的那段梵语是真经总纲，精微奥妙，难以"一时尽解"，一灯大师听郭靖背完之后，又经过多日思索，才将真经要旨融会贯通，然后毫不藏私地全盘传授给郭靖、黄蓉二人，又类似于编译器的工作方式。

所有编程语言都离不开编译器，但只有一部分编程语言具备解释器。Python当然是有解释器的，Java、JavaScript、VBScript、Perl、Ruby和数学软件MATLAB也有解释器，而C语言、C++、Pascal、Delphi等编程语言则没有解释器（除非某些"手痒"的程序员自己动手编写解释器）。有时候人们会将Python、Java、JavaScript称为"解释型语言"，将C、C++、Pascal称为"编译型语言"。请读者们一定要注意，解释型语言并非没有编译器，它们只是在编译器之外又多出一个解释器而已。

既然有了编译器，为何还要解释器呢？主要是因为解释器具备"即时反馈"的优势，在编写只有一两个代码块并且无须重复利用的小程序时效率极高，还能帮我们迅速查出一个大程序里的某个代码块到底出了什么问题。

初学Python的读者不妨养成这样一个习惯：将一个规模较大的程序分解成不同的代码块，先在编译器里依次输入每个代码块，调试通过后，再一行一行地复制、粘贴到编辑器里，保存为.py文件，运行整个程序，最后由编译器翻译成机器码。

实际上，如此由浅入深，稳步突进，正是一灯大师翻译《九阴真经》的方式。

段誉比剑

《天龙八部》第四十二回中，段誉和慕容复在少室山上比武。慕容复又是使剑，又是用刀，还拿出判官笔，连续变换几种兵器。段誉呢？始终以一双手发射剑气，用他无意中学会的段家绝学"六脉神剑"对抗慕容复。书中说：

这商阳剑的剑势不及少商剑宏大，轻灵迅速却远有过之，他食指连动，一剑又一剑的（地）刺出，快速无比。使剑全仗手腕灵活，但出剑收剑，不论如何快速，总是有数尺的距离，他以食指运那无形剑气，却不过是手指在数寸范围内转动，一点一戳，何等方便？何况慕容复被他逼出丈许之外，全无还手余地。段誉如果和他一招一式地拆解，使不上第二招便给慕容复取了性命，现下只攻不守，任由他运使从天龙寺中学来的商阳剑法，自是占尽了便宜。

段誉没有正经学过武功，对刀剑和拳脚一窍不通，如果一招一式地跟慕容复对打，那么很快会死在慕容复手下；如果只攻不守，自顾自地将六脉神剑练一遍，慕容复反倒会被他的无形剑气逼得手忙脚乱。段誉明不明白这其中的道理？当然明白，当时他的脑海中必定形成了这样的逻辑：

> 如果见招拆招，那么结局是输。
> 如果不见招拆招，那么结局是赢。

以上逻辑可用 Python 语句表达：

```
if 见招拆招 :
    结局 = 输
else:
    结局 = 赢
```

if…else…语句叫"判断语句"，又叫"选择语句"，是所有高级编程语言都有的语句，也是编程时经常用到的语句。

当然，由于使用了中文变量"结局"和中文表达式"见招拆招"，上述代码是无法运行的，只能用于描述编程思路或程序结构。这类描述性代码在设计编程方案时常常用到，被称为"伪代码"，简称"伪码"。真正动手编程的时候，我们会将伪码转化成符合 Python 语法规范的代码：

```
if defense == True:
    result = 0
else:
    result = 1
```

defense 是"防守"的英文释义，意思接近于"见招拆招"。result 是"结果"的英文释义，意思接近于"结局"。上述 4 行代码里创建了 defense 和 result 两个变量，并且规定 defense 是布尔型变量，有 True 和 False 两个值；result 是整型变量，有 0 和 1 两个值。

defense 的值为 True，代表段誉选择见招拆招；defense 的值为 False，代表段誉回避见招拆招；result 的值为 0，代表段誉败给慕容复；result 的值为 1，代表段誉赢了慕容复。

代码里有等号 =，还有双等号 ==，这两种等号拥有不一样的功能。在 Python 语言中，= 叫作"赋值符号"，用来给变量赋值；== 叫作"比较符号"，用来比较左右两边的变量是否相等。"if defense == True"，就是让解释器或编译器做比较，比较布尔型变量 defense 是不是等于 True。如果等于 True，则"result = 0"，将整型变量 result 赋值为 0。否则呢？执行 else 下面的语句"result = 1"，将整型变量 result 赋值为 1。

前述 4 行代码还可以写得更紧凑一些，去掉 = 和 == 两边的空格：

```
if defense==True:
    result=0
else:
    result=1
```

去掉空格以后，程序照样正常运行，但是代码的可读性差了那么一点点——前面的变量和后面的数值挤到一块儿，既不好看，也不易识别。所以，在赋值符号 = 和比较符号 == 两边留出空格，也是一个良好的编程习惯。

还记得另一个好习惯吗？先在解释器里编写代码，经调试通过，再复制粘贴到编辑器。

打开 Python 解释器，输入代码，注意留出空格，并让两个 result 赋值语句保持同样的缩进状态：

```
>>> if defense == True:
    result = 0
else:
    result = 1
```

点击回车键，解释器竟然报错：

```
Traceback (most recent call last):
  File "<pyshell#4>", line 1, in <module>
    if defense == True:
```

```
NameError: name 'defense' is not defined
```

为什么会报错呢？注意看提示："NameError:name 'defense' is not defined"。意即：命名错误，名叫"defense"的变量没有被定义。确实，我们一上来就让解释器判断 defense 是否等于 True，然而事先并没有给 defense 这个布尔型变量赋值。

应怎样调试呢？当然是先给 defense 赋值，再输入判断语句：

```
>>> defense = False
>>> if defense == True:
    result = 0
else:
    result = 1
```

这回解释器里有了两个代码块，前一个代码块"defense = False"是赋值语句，它的具体含义是指段誉放弃见招拆招，只管自己耍剑。

此时点击回车键，解释器不再报错，但也没有给出任何结果。再检查一遍代码，原来判断语句里只给 result 赋了值，却忘了把赋过值的变量输出到屏幕上，所以还要补充一行 print 代码：

```
>>> print(result)
```

print 的原义是"打印"，但是作为 Python 的一个常用内置函数，print() 并非将小括号里的变量传送给打印机，而是将其输出到屏幕上。包括在 Swift、Perl、VB、R 语言、Groovy、Lua 等编程语言当中，print 同样是最常用的屏幕输出内置函数；而 C 语言的屏幕输出函数是 printf，C++ 的屏幕输出函数是 cout；在 Linux、Windows 和 Mac OS 等操作系统的 shell 里面，输出函数则是 echo。

闲言少叙，继续分析代码。Python 解释器执行"print(result)"这个输出语句，报出结果：1。result 为 1，表明段誉与慕容复比剑的结局是赢。

解释器里调试顺利通过，说明代码不再有 bug；打开编辑器，将正确的代码复制过去，注意缩进格式。

```
defense = False
if defense == True:
    result = 0
else:
    result = 1
print(result)
```

点击快捷键 F5，运行程序，编辑器跳出一个小小的对话框：

"Source Must Be Saved OK to Save？"意即：源代码必须保存，要选择保存吗？当然要保存。点击"确定"，给程序取一个合适的名字，比如"段誉比剑"，保存到相应的目录下。保存后，后台编译器立刻启动，将代码翻译成机器语言，交给系统内存执行，执行结果显示在另一个窗口当中：

```
===============RESTART: 段誉比剑 .py===============
1
```

结果是一个1。我们自己懂得这个1所代表的含义（段誉赢），但别人未必懂，为了让程序更加人性化，需要完善代码。怎么完善？不妨将 print 代码块扩充为另一个判断语句，使整个程序变成这样：

```
defense = False
if defense == True:
    result = 0
else:
```

```
        result = 1

if result == 0:
    print(' 段誉将在比剑中输给慕容复 ')
else:
    print(' 段誉将在比剑中胜过慕容复 ')
```

后一个判断语句用来判断 result 的值，如果值为 0，输出"段誉将在比剑中输给慕容复"，否则输出"段誉将在比剑中胜过慕容复"。

点击快捷键 F5，运行程序，输出的结果就好懂多了：

```
===============RESTART: 段誉比剑 .py===============
段誉将在比剑中胜过慕容复
```

仔细研究后会发现，这个程序还缺乏互动环节，因此缺乏实用价值。比如，对段誉来说，他需要的是一个能帮他做决断的程序，他输入比剑策略，程序则给出相应的预测。

Python 恰好有一个能接受用户输入的内置函数 input，该函数的语法规则是：

字符串变量 = input(' 提示用户输入某些内容：')

我们可以在解释器里先试用 input 函数，了解它的使用方法和实际功能，再回到编辑器完善代码。试用过程从略，这里直接给出完善后的代码：

```
# 用户输入模块
choice = input(' 请段公子在此输入比剑策略 :')

# 程序处理模块
if choice == ' 见招拆招 ':
    defense = True
else:
    defense = False

if defense == True:
    result = 0
else:
```

```
    result = 1

# 结果输出模块
if result == 0:
    print(' 你将在比剑中输给慕容复 ')
else:
    print(' 你将在比剑中胜过慕容复 ')
```

完善后的程序有了代码注释，还多出一行 "choice = input(' 请段公子在此输入比剑策略：')"。这行代码使用 input 函数，创建字符串变量 choice（选择），提示段誉输入比剑策略，输入的内容将赋值给 choice。

再次运行，屏幕上出现一行蓝色的文字：

请段公子在此输入比剑策略：

假设段誉在冒号后面输入"见招拆招"，程序会告诉他：

你将在比剑中输给慕容复

反之，如果段誉输入"我自己耍剑"，程序的反馈结果必是"你将在比剑中胜过慕容复"。也就是说，我们编写的程序终于有了实际功能——能让段誉进行科学决策，免得被慕容复轻易取走小命。

加上注释，加上 input 函数，再加上为了使代码更具可读性而故意留出的空行，现在程序已经多达 19 行。能否精简一下呢？其实是可以的。应该将程序处理模块的两个判断语句合二为一，使代码被精简到 16 行：

```
# 用户输入模块
choice = input(' 请段公子在此输入比剑策略：')

# 程序处理模块
if choice == ' 见招拆招 ':
    defense = True
    result = 0
else:
```

```
        defense = False
        result = 1

    # 结果输出模块
    if result == 0:
        print('你将在比剑中输给慕容复')
    else:
        print('你将在比剑中胜过慕容复')
```

精简代码后，程序功能并没有丢失或者变弱，编程思路却更加清晰易读。所以，在确保"程序功能不变"和"代码清晰易读"的前提下，能精简的一定要精简，能把代码写短就尽量不要写长，这是程序员应该养成的又一个好习惯。

那么，上述代码还能继续精简吗？没错，还能继续精简：

```
    # 用户输入模块
    choice = input('请段公子在此输入比剑策略:')

    # 程序处理模块
    if choice == '见招拆招':
        print('你将在比剑中输给慕容复')
    else:
        print('你将在比剑中胜过慕容复')
```

精简到上述代码的这个程度，程序处理模块和结果输出模块合二为一，程序功能仍旧没有减少，但却削弱了代码的层次感。我们平常写简单的小程序时，代码的层次感不重要，但在编写几百行、几千行、几万行代码时，代码层次必须分明、互不混淆。如果将处理模块和结果输出模块混到一起，将严重影响后期程序的调试和扩充。

用规范的方式写程序，可以让代码清晰、易读，是比"把代码写得更短"更重要的好习惯。比如，给变量 a、b、c 赋值，让 a 等于1、b 等于2、c 等于5，规范的写法是：

```
    a = 1
    b = 2
    c = 5
```

未能养成好习惯的程序员会这样写：

```
a,b,c = 1,2,5
```

对编译器来说，两种写法是具备相同效果的。但对程序员来说，前一种写法显然更加清晰，后一种写法虽然省掉两行代码，却加大了其他程序员阅读代码的难度。

再比如，给变量 a、b、c 重新赋值，让 a 迭代为 $a+1$、b 迭代为 $b-2$、c 迭代为 $c \times 7$，规范的写法是：

```
a = a+1
b = b-2
c = c*7
```

未能养成好习惯的程序员会写成：

```
a += 1
b -= 2
c *= 7
```

后一种写法也能被编译器正常编译，但在形式上非常晦涩难懂，对初学编程的小伙伴来说很不友好。更要命的是，某些老程序员会拿非正规写法当标准写法，强迫团队里的新手程序员学习。

所以，一名合格的程序员，只有养成用规范方式写代码的习惯，才能让所有人看得懂代码，才能让团队协作成为可能，才能为自己和他人的工作带来便利。

段誉赏花

Python 的判断语句有长有短，刚才只说了 if…else…，这个属于不长不短的判断语句。去掉 else，只留 if，则是最短的判断语句。

《天龙八部》第七回中，段誉的第一个女朋友木婉清来到大理，与段誉之父段正淳相见，被段正淳发现身世，她与段誉成婚的计划化为泡影。木婉清愤怒地说："他如果不要我，我……我便杀了他！"这就是最短的判断语句，可以用伪码表示为：

```
if 段誉不娶她：
    她就杀掉段誉
```

写成代码是这样的：

```
choice = input('段誉，你是否迎娶木婉清？')
if choice == '不娶':
    print('她会杀了你！')
```

假如段誉决定娶她呢？身为性格简单粗暴、直来直去的奇女子，木婉清似乎没考虑过这种情况，所以这里只需要 if，不需要 else。

还有一种很长的判断语句 if…elif…else…，中间的 elif 可以有很多个，用来模拟"如果……那么……又如果……那么……又如果……那么……"之类的复杂判断，语法格式是这样的：

```
if 判断条件 1:
    执行语句 1
elif 判断条件 2:
    执行语句 2
elif 判断条件 3:
    执行语句 3
elif 判断条件 4:
    执行语句 4
……
else:
    执行语句 n
```

《天龙八部》第十二回中，段誉误闯曼陀山庄，教王夫人鉴赏茶花，并分享了一大堆如何分辨茶花品种的秘诀：

段誉道："夫人你倒数一数看，这株花的花朵共有几种颜色。"王夫人道："我早数过了，至少也有十五六种。"段誉道："一共是十七种颜色。大理有一种名种茶花，叫作'十八学士'，那是天下的极品，一株上共开十八朵花，朵朵颜色不同，红的就是全红，紫的便是全紫，绝无半分混杂。而且十八朵花形状朵朵不同，各有各的妙处，开时齐开，谢时齐谢，夫人可曾见过？"王夫人怔怔地听着，摇头道："天下竟有这种茶花！我听也没听过。"

段誉道："比之'十八学士'次一等的，'十三太保'是十三朵不同颜色的花生于一株，'八仙过海'是八朵异色同株，'七仙女'是七朵，'风尘三侠'是三朵，'二乔'是一红一白的两朵。这些茶花必须纯色，若是红中夹白，白中带紫，便是下品了。"王夫人不由得悠然神往，抬起了头，轻轻自言自语："怎么他从来不跟我说。"

段誉又道:"'八仙过海'中必须有深紫和淡红的花各一朵,那是铁拐李和何仙姑,要是少了这两种颜色,虽然八花异色,也不能算'八仙过海',那叫做'八宝妆',也算是名种,但比'八仙过海'差了一级。"王夫人道:"原来如此。"

段誉又道:"再说'风尘三侠',也有正品和副品之分。凡是正品,三朵花中必须紫色者最大,那是虬髯客,白色者次之,那是李靖,红色者最娇艳而最小,那是红拂女。如果红花大过了紫花、白花,便属副品,身份就差得多了。"有言道是"如数家珍",这些各种茶花原是段誉家中珍品,他说起来自是熟悉不过。王夫人听得津津有味,叹道:"我连副品也没见过,还说什么正品。"

段誉指着那株五色茶花道:"这一种茶花,论颜色,比十八学士少了一色,偏又是驳而不纯,开起来或迟或早,花朵又有大有小。它处处东施效颦,学那十八学士,却总是不像,那不是个半瓶醋的酸丁么?因此我们叫它作'落第秀才'。"王夫人不由得扑哧一声,笑了出来,道:"这名字起得忒也尖酸刻薄,多半是你们读书人想出来的。"

段誉一口气说了几百字,其实用一个 if…elif…else… 就能表述得清晰、易读、无歧义。我们先用伪码理清思路:

```
# 创建变量
数量 = 单株山茶的花朵数量
上品 = 各花异色、秩序井然
下品 = 花色驳杂、秩序混乱

# 用户输入模块
    1. 输入数量
    2. 输入花色

# 程序处理模块
```

```
   if 数量 == 18 and 花色 == 上品：
       品名 = '十八学士'
   elif 数量 == 17 and 花色 == 下品：
       品名 = '落第秀才'
   elif 数量 == 13 and 花色 == 上品：
       品名 = '十三太保'
   elif 数量 == 8 and 花色 == 上品：
       品名 = '八仙过海'
   elif 数量 == 8 and 花色 == 下品：
       品名 = '八宝妆'
   elif 数量 == 7 and 花色 == 上品：
       品名 = '七仙女'
   elif 数量 == 3 and 花色 == 上品：
       品名 = '正品风尘三侠'
   elif 数量 == 3 and 花色 == 下品：
       品名 = '副品风尘三侠'
   elif 数量 == 2 and 花色 == 上品：
       品名 = '正品二乔'
   elif 数量 == 2 and 花色 == 下品：
       品名 = '副品二乔'
   else:
       品名 = '段誉未提及，暂不归类'

# 程序输出模块
   print(品名)
```

然后在编辑器里编写代码：

```
   ''' 茶花品鉴程序
       用户输入单株茶花的花朵数量
       以及花色纯粹与否
       程序输出该株山茶的品名'''

   # 用户输入模块
   number = int(input('请输入花朵数目：'))
   quality = input('请输入花色品质（各花异色并且秩序井然为上品，
否则为下品）：')
```

```
# 程序处理模块
if number == 18 and quality == '上品':
    name = '十八学士'
elif number == 17 and quality == '下品':
    name = '落第秀才'
elif number == 13 and quality == '上品':
    name = '十三太保'
elif number == 8 and quality == '上品':
    name = '八仙过海'
elif number == 8 and quality == '下品':
    name = '八宝妆'
elif number == 7 and quality == '上品':
    name = '七仙女'
elif number == 3 and quality == '上品':
    name = '正品风尘三侠'
elif number == 3 and quality == '下品':
    name = '副品风尘三侠'
elif number == 2 and quality == '上品':
    name = '正品二乔'
elif number == 2 and quality == '下品':
    name = '副品二乔'
else:
    name = '段誉未提及, 暂不归类'

# 程序输出模块
print('经段誉鉴定——')
print('这株山茶的品名是 ',name)
```

代码开头有一段程序说明, 用连续三个单引号（''' '''）包围, 这是
Python 的另一种代码注释形式。我们常用的代码注释符号是 #, 但每个 #
后面只能写一行注释, 而 ''' 和 ''' 之间则可以写多行注释。多行注释通常
放在一个程序的开头, 或者一个类、一个自定义函数的开头。关于"类"
和"自定义函数", 本书后续章节还会讲到它们的功能和用法, 这里不做
赘述。

Python 编程总是离不开引号, 创建字符串变量时使用单引号或者双引

号，写多行注释时使用 '''，也就是三引号。必须注意的是，这些引号必须成对出现，如果一行字符的开头用了 '，结尾也必须是 '；假如开头用了 "，结尾就不能是 ' 或者 '''。例如 ' 十八学士 ' 是合法的字符串，" 十八学士 " 也是合法的字符串，但写成 " 十八学士 ' 或者 ' 十八学士 " 就会报错。''' 茶花品鉴程序 ''' 是合法的注释，写成 ''' 茶花品鉴程序 ' 就会出现问题。

还必须注意的是，凡是在代码里起功能作用的标点，都必须是英文标点（只有字符串内部可以使用中文标点）。假如将 " " 换成 " "，将 ! 换成！，将 <> 换成《》，解释器和编译器都将无法识别。

试一下，将 "if number == 18 and quality == ' 上品 ':" 这行代码末尾的冒号（半角）换成中文冒号（全角），保存并运行，编辑器会自动弹出警告：

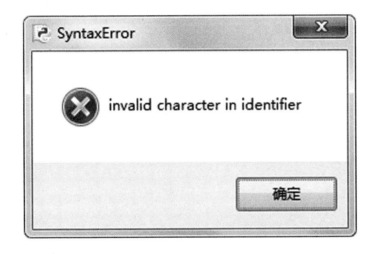

"invalid character in identifier"，意即 "标识中出现无效字符"。将中文冒号（全角）改成英文冒号（半角），代码将正常运行，提示用户输入花朵数目和花色品质。

在 "请输入花朵数目：" 后面输入数字 18，在 "请输入花色品质（各花异色并且秩序井然为上品，否则为下品）：" 后面输入字符 "上品"，程序将报出鉴定结果：

> 经段誉鉴定——
> 这株山茶的品名是十八学士

再次运行代码，输入不同的花朵数目和花色品质，程序也都能报出正确的鉴定结果。

但比较麻烦的是，每鉴定一次，都不得不再运行一遍程序。能不能让这个程序一直鉴定下去，直到我们喊停呢？那就需要学习另一种控制语句：循环语句。

郭靖磕头

顾名思义，循环语句能让程序循环执行。

判断语句有三种：if…，if…else…，if…elif…else…。循环语句则有两种：for 循环，while 循环。

先看 for 循环的语法格式：

```
for 变量 in 变量范围：
    执行语句
```

再看一个最简单的应用 for 循环的代码示例：

```
for i in [1,2,3,4,5,6,7,8,9,10]:
    print(i)
```

i 是变量，一个整型变量。[1,2,3,4,5,6,7,8,9,10] 是列表，包含从 1 到 10 中的整数。整个代码块的意思是，让变量 i 依次在 1 到 10 的整数中取值，每取值一次，

就将 i 的值输出一次。

运行结果可想而知，必定是：

```
1
2
3
4
5
6
7
8
9
10
```

稍微修改一下输出语句，将"print(i)"改成"print(i,end=' ')"，这样 print 就不再换行，输出结果将变成：

```
1 2 3 4 5 6 7 8 9 10
```

上述代码还可以变成这种形式：

```
for i in range(1,11):
    print(i,end=' ')
```

其中 range 是"范围"的意思，range(n, m) 相当于从 n 到 m-1 的所有整数。依此类推，range(1, 20) 相当于从 1 到 19 的所有整数，range(100, 900) 相当于从 100 到 899 的所有整数，range(78, 98) 相当于从 78 到 97 的所有整数。

for 循环的变量取值范围可以是整数，也可以是小数，可以是连续数，也可以是不连续数，可以是数字列表，也可以是字符串列表，甚至还可以是一个字符串。比如说"for character in' 武侠编程 '"这行代码，意思就是让变量 character 从字符串 ' 武侠编程 ' 里依次取值——第一次取 ' 武 '，第二次取 ' 侠 '，第三次取 ' 编 '，第四次取 ' 程 '。如果这行代码下面有执行语句，则该语句将依次执行 4 次。

《射雕英雄传》第十四回中，郭靖在归云庄遇见江南六怪，大喜过望，飞奔出去磕头，叫道："大师父、二师父、三师父、四师父、六师父、七师父，你们都来了，那真好极啦！"

金庸先生在小说原文中说，郭靖"把六位师父——叫到，未免啰唆"。倘若使用 for 循环代替郭靖磕头迎接呢？倒能稍微简洁一些。

```
for master in ['大师父','二师父','三师父','四师父','六
师父','七师父']:
    print(master,end='、')
print('你们都来了，那真好极啦！')
```

使用 for 循环，让变量 master 在列表 ['大师父', '二师父', '三师父', '四师父', '六师父', '七师父'] 中依次取值，并在同一行内输出该值，最后加上一句 "你们都来了，那真好极啦"。运行代码，将输出这样一行结果：

```
大师父、二师父、三师父、四师父、六师父、七师父、你们都来了，那真好极啦！
```

"七师父"后面应为逗号，程序却输出的是顿号，所以应该优化程序：

```
for master in ['大师父','二师父','三师父','四师父','六
师父','七师父']:
    if master != '七师父':
        print(master,end='、')
    else:
        print('七师父，你们都来了，那真好极啦！')
```

在 for 循环模块里添加了一个判断语句：假如变量 master 的取值不等于 '七师父' 时（!= 在 Python 环境中表示"不等于"），始终在同一行列内依次输出 master 的取值；否则，在行列末尾追加字符串 '七师父，你们都来了，那真好极啦！'。

运行程序，输出结果与郭靖在《射雕英雄传》中说的话一模一样：

```
大师父、二师父、三师父、四师父、六师父、七师父，你们都来了，那真好极啦！
```

实际上，原文描写过于简洁，郭靖依次向六位师父问好的同时，也依次向六位师父磕了头。为了模拟更真实的场景，我们继续修改程序：

```
for master in ['大师父','二师父','三师父','四师父','六
师父','七师父']:
    if master !='七师父':
        print(master+'（郭靖磕头）',end = '、')
    else:
        print('七师父（郭靖磕头），你们都来了，那真好极啦！')
```

输出结果将变成：

```
大师父（郭靖磕头）、二师父（郭靖磕头）、三师父（郭靖磕头）、四师父
（郭靖磕头）、六师父（郭靖磕头）、七师父（郭靖磕头），你们都来了，那真好
极啦！
```

看过《射雕英雄传》的读者都知道，郭靖本来有七位师父：老大柯镇恶、老二朱聪、老三韩宝驹、老四南希仁、老五张阿生、老六全金发、老七韩小莹。蒙古大漠一战，老五张阿生死于"黑风双煞"之手，所以自那之后郭靖只剩六位师父。

再进一步思考：郭靖需要迅速识别出六位师父的相貌，才不至于磕错头。换言之，郭靖见到柯镇恶只能喊"大师父"，见到朱聪只能喊"二师父"，假如边喊"大师父"边向南希仁磕头，边喊"二师父"边向韩宝驹磕头，那就乱套了，保不齐会被性急如火的柯镇恶和韩宝驹揍一顿。

那怎样才能让郭靖避免挨揍呢？我们继续修改代码：

```
'''创建字典dict_master,
    以江南六怪的名字为键，以其排行为键值，
    将六怪的名字与排行一一对应'''
dict_master={'柯镇恶':'大师父', '朱聪':'二师父', '韩宝
驹':'三师父', '南希仁':'四师父', '全金发':'六师父', '韩小
莹':'七师父'}

# 通过for循环，以六怪名字为键，从字典dic_master中陆续取出相
应的排行
for master in ['柯镇恶', '朱聪', '韩宝驹', '南希仁',
```

```
'全金发', '韩小莹']:
        # 变量 appellation = 排行
        appellation = dict_master.get(master)
        # 变量 action = 郭靖的行为
         action = '郭靖见到'+master+', 喊 '+appellation+',
然后磕头'
        # 输出郭靖的行为
        print(action)

    # 循环结束，郭靖再致欢迎辞
    print('郭靖最后说：你们都来了，那真好极啦！')
```

代码加上注释总共 16 行，除了使用 for 循环，还用到字典变量、列表变量和字符串变量。保存为 .py 文件，取名"郭靖排行"，运行之，效果如下：

```
===============RESTART: 郭靖磕头 .py===============
郭靖见到柯镇恶，喊大师父，然后磕头
郭靖见到朱聪，喊二师父，然后磕头
郭靖见到韩宝驹，喊三师父，然后磕头
郭靖见到南希仁，喊四师父，然后磕头
郭靖见到全金发，喊六师父，然后磕头
郭靖见到韩小莹，喊七师父，然后磕头
郭靖最后说：你们都来了，那真好极啦！
```

按照这样的顺序，郭靖绝不会犯错。

代码中有一行"action = '郭靖见到'+master+', 喊 '+appellation+', 然后磕头'"，需要专门探讨。

代码中的"'郭靖见到'"是一个字符串，"', 喊'"是一个字符串，"', 然后磕头'"也是一个字符串，而 master 和 appellation 都是变量。什么变量呢？字符串变量。

如果你不明白，请重读代码"for master in ['柯镇恶', '朱聪', '韩宝驹', '南希仁', '全金发', '韩小莹']"，从一个全是字符串的列表中依次取值，依次赋值给 master，所以 master 必为字符串变量；"appellation = dict_master. get(master)"，以 master 为键，从全是字符串的字典 dict_master 中获取键值，再赋值给 appellation，所以 appellation 也必定是字符串变量。

好了，在这些字符串和字符串变量之间，出现了几个 +。在数学运算中，+ 表示数值的加和，而在字符串操作中，+ 则表示字符串的连接。"action = ' 郭靖见到 '+master+'，喊 '+appellation+'，然后磕头 '"，就是在 "' 郭靖见到 '" 后面连上字符串变量 master 的值，再连上 "'，喊 '"，再连上字符串变量 appellation 的值，再连上 "'，然后磕头 '"。各个字符串和字符串变量头尾相连，组成一个较长的新字符串，再赋值给字符串变量 action。

听起来有点儿绕，是吧？不要紧，我们在解释器里进行尝试：

```
>>> ' 武侠 '+' 编程 '
' 武侠编程 '
>>> ' 我喜欢 '+' 编程，'+' 因为编程让人生更美好！'
' 我喜欢编程，因为编程让人生更美好！'
```

第一行用 + 连接了字符串 "' 武侠 '" 和 "' 编程 '"，解释器输出连接后的字符串 "' 武侠编程 '"。

第二行用 + 连接了字符串 "' 我喜欢 '" 和 "' 编程，'" 和 "' 因为编程让人生更美好！'"，解释器输出 "' 我喜欢编程，因为编程让人生更美好！'"。

```
>>> a = ' 武侠 '
>>> b = ' 编程 '
>>> c = ' 哈 '
>>> a + b + c*6
' 武侠编程哈哈哈哈哈哈 '
```

第一行将 "' 武侠 '" 赋值给变量 a，第二行将 "' 编程 '" 赋值给变量 b，第三行将 "' 哈 '" 赋值给变量 c，而第四行 "a + b +c*6" 竟然出现了乘号（*）！其实这里的 * 并非相乘，而是代表将一个字符串重复输出。"c*6"，就是将字符串变量 c 的值重复输出 6 次。"a + b + c*6"，即用 a 的值连接 b 的值，再连接重复输出 6 次的 c 值，所以结果必定是 "' 武侠编程哈哈哈哈哈哈 '"。

说到这里，你会发现计算符号在编程语言里会有特殊含义。比如，= 有时并不是相等，而是对变量赋值；+ 有时并不是相加，而是将字符串连起来；* 有时并不是相乘，而是让字符串重复输出若干次。

那么，我们能不能对字符串使用减号和除号呢？这是绝对不被允许的。因为字符串的连接有实际意义，相减却没有意义（试想一下，用'武侠'减去'编程'，是不是毫无意义？）；字符串的重复输出有实际意义，除以某个数字毫无意义。当然，我们可以编写一些自定义函数，让减号和除号在字符串操作中具备某些意义。

下面是我自己编写的一个字符串相减程序，其计算规则是：假如前一个字符串当中包含后一个字符串，则从前一个字符串中减去所包含的部分。

```python
# 字符串相减函数
def minus(str1,str2):
    if str2 in str1:
        result = str1.replace(str2,'')
    else:
        result = str1
    return(result)

# 算式输入及处理函数
def express():
    expression = input('直接输入算式:')
    minus_index = expression.find('-')
    str1 = expression[0:minus_index]
    str2 = expression[minus_index+1:len(expression)]
    result = minus(str1,str2)
    print(expression + ' = ' + result)

# 主程序入口
if __name__ == '__main__':
    for i in range(1,4):
        express()
```

程序运行：先提示输入算式，再给出两个字符串相减的结果。比如，输入"武侠编程 - 编程"，结果会是"武侠"，输入"神雕大侠杨过 - 杨过"，结果会是"神雕大侠"；输入"段誉和郭靖对战八百回合 - 段誉"，结果会是"和郭靖对战八百回合"。

```
=============== RESTART：字符串相减 .py ==============
直接输入算式：武侠编程 – 编程
武侠编程 – 编程 ＝ 武侠

直接输入算式：神雕大侠杨过 – 杨过
神雕大侠杨过 – 杨过 ＝ 杨过

直接输入算式：段誉和郭靖对战八百回合 – 段誉
段誉和郭靖对战八百回合 – 段誉 ＝ 和郭靖对战八百回合
```

你看，Python 本来不能让字符串相减，但我们却能制订出字符串相减的规则，进而编写出字符串相减的程序。在编程领域钻研的时间越长，编程经验越丰富，就会越认可那句话——"代码是你的，你说了算"。

不知道读者们有没有留意到，在字符串相减程序的"主程序入口"部分，我用了一个小小的 for 循环：

```
for i in range(1,4):
    express()
```

变量 i 在从 1 到 3 的整数范围内依次取值，每取值一次，就调用一次自定义函数 express()，进而完成 3 次相减运算。这样做有什么好处呢？那就是不必频繁地启动程序。

我还可以将 range(1,4) 改成 range(1,101)，使字符串相减程序连续运行 100 次。而程序每运行一次，这个程序的用户就须输入一个算式，直到筋疲力尽为止。不信吗？读者可以试一试，将主程序的 for 循环改成这个样子：

```
for i in range(1,101):
    express()
```

然后运行整个程序，你会发现，你须不停地输入字符串相减算式，除非用快捷键 Ctrl+C 中断运行，或者将 Python 窗口强行关闭。

别让郭靖"困"在死循环里

但如果将 for 循环变成 while 循环，用户就能随时喊停，就不用再做程序的"奴隶"了。

while 循环的语法格式是：

```
while 满足某个条件：
    执行语句
```

试着在解释器里写一个简单的 while 循环：

```
>>> i = 1
>>> while i < 101:
    print(i,end = '; ')
    i = i+1
```

第一个代码块只有 1 行，创建整型变量 i，设定 i 的初始值为 1。第二个代码块判断 i 是否小于 101，如果小于 101，就不停地输出 i 的值，并不停地让 i 加 1，

直到 i 等于 100 时，循环终止。

敲回车键，解释器必然输出如下结果：

```
1; 2; 3; 4; 5; 6; 7; 8; 9; 10; 11; 12; 13; 14; 15; 16; 17; 18; 19;
20; 21; 22; 23; 24; 25; 26; 27; 28; 29; 30; 31; 32; 33; 34; 35; 36;
37; 38; 39; 40; 41; 42; 43; 44; 45; 46; 47; 48; 49; 50; 51; 52; 53;
54; 55; 56; 57; 58; 59; 60; 61; 62; 63; 64; 65; 66; 67; 68; 69; 70;
71; 72; 73; 74; 75; 76; 77; 78; 79; 80; 81; 82; 83; 84; 85; 86; 87;
88; 89; 90; 91; 92; 93; 94; 95; 96; 97; 98; 99; 100;
```

现在插入几行代码，让循环中途停止：

```
>>> i = 1
>>> while i < 101:
    print(i)
    i = i+1
    command = input('还继续吗? ')
    if command == '停':
        break
```

第一个代码块不变，第二个代码块追加了 3 行代码，提示用户输入命令，什么时候输入"停"，什么时候 break。break 是 Python 的内置函数，它能让循环中断。

运行代码，解释器每输出一次 i 的值，就问一次"还继续吗？"。一直敲回车键，它就一直输出，直到你输入"停"，循环结束。

```
1
还继续吗?
2
还继续吗?
3
还继续吗?
4
还继续吗?
5
还继续吗?
```

```
6
还继续吗?
7
还继续吗?
8
还继续吗? 停
```

我们在编程的时候，无论使用 for 循环还是 while 循环，都要给出循环终止的条件。特别是 while 循环，如果没有终止条件，程序必然会无休无止地运行下去，俗称"死循环"。

《射雕英雄传》第四回中，郭靖深夜上山拜师，五师父张阿生不幸受重伤，二师父朱聪命令他向张阿生磕头：

朱聪哽咽道："我们七兄弟都是你的师父，现今你这位五师父快要归天了，你先磕头拜师罢（吧）。"

郭靖也不知"归天"是何意思，听朱聪如此吩咐，便即扑翻在地，咚咚咚的，不住向张阿生磕头。

张阿生惨然一笑，道："够啦！"

在这段情节里，朱聪的"磕头拜师"命令就是 while 循环的执行条件，而张阿生那句"够啦"则是 while 循环的终止条件。没有终止条件会怎么样呢？从小就"一根筋"的郭靖将一直磕头。

为了真正理解终止条件的重要性，请打开 Python 编辑器，将以上情节用 while 循环模拟出来：

```
command = '磕头拜师'
while command == '磕头拜师':
    print('郭靖磕头')
```

保存并运行之：

```
========== RESTART：郭靖磕头（没有终止条件时）.py =======
郭靖磕头
郭靖磕头
郭靖磕头
郭靖磕头
郭靖磕头
郭靖磕头
郭靖磕头
郭靖磕头
郭靖磕头
郭靖磕头
郭靖磕头
郭靖磕头
郭靖磕头
郭靖磕头
郭靖磕头
郭靖磕头
郭靖磕头
……
```

这个过程是不是很可怕？此时要么关掉程序，要么按下 Ctrl+C 强制中断程序运行，否则郭靖将"困"在这个死循环里一直磕头。

现在重启编辑器，加上终止条件：

```
command1 = '磕头拜师'
while command1 == '磕头拜师':
    print('郭靖磕头')
    command2 = input('张阿生发话:')
    if command2 == '够啦':
        print('郭靖爬起来')
        break
```

再次保存后运行程序，当郭靖磕到第七个头时，我们输入"够啦"，郭靖就会爬起来，停止磕头，循环终止：

```
========== RESTART: 郭靖磕头（加上终止条件）.py =======
郭靖磕头
张阿生发话：
郭靖磕头
张阿生发话：
郭靖磕头
张阿生发话：
郭靖磕头
张阿生发话：
郭靖磕头
张阿生发话：
郭靖磕头
张阿生发话：
郭靖磕头
张阿生发话：够啦
郭靖爬起来
```

一定要记住，死循环是程序员编程的大忌，也是计算机的大忌。你要知道，无论多么强大的计算机，内存都是有限的，而一个小小的死循环就可以耗尽计算机所有的内存。

《射雕英雄传》第十四回中，郭靖和梅超风在归云庄比武，他知道自己在见招拆招方面远不如梅超风，于是使用师父洪七公教他对付黄蓉落英神剑掌时的诀窍：不管敌人如何花样百出、千变万化，只要把降龙十八掌中的十五掌循环往复、一遍又一遍地使出来。显而易见，郭靖对付梅超风的诀窍与《天龙八部》中段誉对付慕容复的诀窍相同，都是将自己最擅长的招式循环使出来，本质上都属于一个 while 循环。

但洪七公没有教给郭靖另一个诀窍：当循环无效时，就应终止循环，否则你将像计算机耗尽内存一样，耗尽自己的功力。

这是夸大其词吗？并不是。且看《射雕英雄传》原文是怎么描写的：

梅超风恼怒异常，心想我苦练数十年，竟不能对付这小子？当下掌劈爪戳，越打越快。她武功与郭靖本来相去何止倍蓰，只是一来她双目已盲，毕竟吃亏；

二来为报杀夫大仇，不免心躁，犯了武学大忌；三来郭靖年轻力壮，学得了降龙十八掌的高招；两人竟打了个难解难分。

堪堪将到百招，梅超风对他这十五招掌法的脉络已大致摸清，知他掌法威力极大，不能近攻，当下在离他丈余之外奔来窜去，要累他力疲。

施展这降龙十八掌最是耗神费力，时候久了，郭靖掌力所及，果然已不如先前之远。

降龙十八掌本来就耗神费力，而郭靖一遍又一遍地出掌，内力消耗更大，渐渐显出颓势。此时郭靖该怎么办？可以向人求救，或者设法逃跑。但他却继续出掌拼斗，继续执行 while 循环。可以想见的是，如果无人上前帮助郭靖，那么他将"困"在这个不能结束的死循环里，直到力竭。

遇到 while 循环，真正的"老江湖"会给自己设定一个终止条件，避免过度消耗功力。《天龙八部》第二十六回中，萧峰用内力为伤重待毙的阿紫续命，便展现出了一个"老江湖"的最优决策。下面摘录比较关键的几段：

到第四日早上，实在支持不住了，只得双手各握阿紫一只手掌，将她搂在怀里，靠在自己胸前，将内力从她掌心传将过去，过不多时，双目再也睁不开来，迷迷糊糊终于合眼睡着了。但总是挂念着阿紫的生死，睡不了片刻，便又惊醒，幸好他入睡之后，真气一般的流动，只要手掌不与阿紫的手掌相离，她气息便不断绝。

……

匆匆数月，冬尽春来，阿紫每日以人参为粮，伤势颇有起色。女真人在荒山野岭中挖得的人参，都是年深月久的上品，真比黄金也还贵重。萧峰出猎一次，定能打得不少野兽，换了参来给阿紫当饭吃。纵是富豪之家，如有一小姐这般吃参，只怕也要吃穷了。

萧峰连续四天输送内力给阿紫，发现自己快要支持不住时，立即改变策略，前往关外原始森林，每天捕捉猛兽，兑换人参，用人参代替自己的内力消耗。萧峰的策略可以概括成几行伪码：

```
while 阿紫奄奄一息：
    输出内力给阿紫
    if 内力输出达到极限：
        前往关外
        while 阿紫尚未复原：
            以猛兽换人参
            将人参喂阿紫
        if 阿紫复原：
        break
```

while 循环里还有一层 while 循环，这种程序结构被称为"嵌套循环"。其中，外层循环有一个终止条件——内力输出达到极限；内层循环也有一个终止条件——阿紫复原。有了这两个终止条件做保障，萧峰既能保住内力，又能救活阿紫，绝不会像缺乏江湖经验的郭靖那样陷入循环。

结构总共三招，只学两招就够

前面介绍了 while 循环，介绍了 for 循环，也介绍了 if…else… 和 if…elif…else…之类的判断语句。

在人类语言中，陈述句和疑问句是常用语句；在编程语言中，循环语句和判断语句是常用语句。循环语句又叫"循环结构"，也叫"重复结构"；判断语句又叫"判断结构"，也叫"分支结构""选择结构"和"条件结构"。

其实，编程语言还有一种更常用的结构——顺序结构。但这种结构不用学：你在编辑器里编写代码时，凡是超过两行以上的代码，只要缩进相同，就将顺序执行，永远先执行上一行，再执行下一行，然后继续执行下下一行……

举个例子：

```
a = '郭靖'
b = '黄蓉'
c = '洪七公'
print(a)
```

```
print(b)
print(c)
print(a+b+c)
```

这 7 行代码是典型的顺序结构，计算机会先执行第一行：创建变量 *a*，赋值为'郭靖'；再执行第二行：创建变量 *b*，赋值为'黄蓉'；再执行第三行，创建变量 *c*，赋值为'洪七公'；然后执行第四行、第五行、第六行，依次输出 *a*、*b*、*c* 的值；最后执行第七行：将 *a*、*b*、*c* 三个字符串变量连接起来，输出连接值。

程序运行结果必然是：

```
郭靖
黄蓉
洪七公
郭靖黄蓉洪七公
```

修改代码，用 *a*、*b*、*c* 和 *a+b+c* 构造一个列表，用 for 循环输出列表中的元素：

```
a = '郭靖'
b = '黄蓉'
c = '洪七公'
list_master = [a,b,c,a+b+c]
for i in list_master:
    print(i)
```

运行结果没变，但是从第五行开始，顺序结构变成了循环结构。

再修改代码，将 for 循环变成 while 循环：

```
a = '郭靖'
b = '黄蓉'
c = '洪七公'
list_master = [a,b,c,a+b+c]
i=0
end = len(list_master)
```

```
while i < end:
    print(list_master[i])
    i = i+1
```

运行结果仍然没变，但在循环结构里有两行代码，缩进相同，计算机先执行"print(list_master[i])"，再执行下一行"i = i+1"，这又是顺序结构。

继续修改代码，还能在循环结构外面加一层判断结构：

```
a = '郭靖'
b = '黄蓉'
c = '洪七公'
list_master = [a,b,c,a+b+c]
i = 0
end = len(list_master)
if end > = 1:
    while i < end:
        print(list_master[i])
        i = i+1
else:
    pass
```

这回多了一个 if…else…语句。其中，变量 end 是列表 list_master 的元素个数，"if end >= 1"，意思是如果 list_master 至少有一个元素。满足这个判断条件，就用 while 循环输出全部元素；不满足这个判断条件呢？那就执行 pass。pass 是Python 的另一个内置函数，意思是啥都不用做，有点儿直接"躺平"的意思。

原本只有 7 行代码，如今扩充到了 12 行，试着运行一下，结果仍然是：

```
郭靖
黄蓉
洪七公
郭靖黄蓉洪七公
```

其实，真正编程的时候，我们绝不会多此一举，故意画蛇添足，非要将原本7 行代码就能搞定的事情复杂化。所以，这里只是举个例子，让不熟悉程序结构的读者看看，顺序结构、判断结构和循环结构在代码中到底是怎样自由使用的。

而那些超级复杂的大程序，其实也都是用顺序结构、判断结构和循环结构反复组合而成的。

从结构上讲，编程总共只有三招：顺序结构、判断结构、循环结构。其中，顺序结构极为简单、易于掌握，所以编程初学者只需要重点练习判断结构和循环结构。

还记得《笑傲江湖》里的令狐冲初学独孤九剑的过程吗？剑宗泰斗风清扬告诉他："今晚你不要睡，咱们穷一晚之力，我教你三招剑法。"令狐冲心想："只三招剑法，何必花一晚时光来教。"风清扬又说："一晚之间学会三招，未免强人所难，这第二招暂且用不着，咱们只学第一招和第三招。"

最后，令狐冲花了整整一个晚上，只跟风清扬学会了独孤九剑第三招里的小半招。而即便只学小半招，也让令狐冲在次日比武中击败了快刀高手田伯光。

我们学习编程，比令狐冲学习独孤九剑要简单多了。原本三招结构，我们只学两招，而这两招的威力绝不亚于独孤九剑。所以，请不要畏难，但也不可轻视，一遍一遍地练，反反复复地用，多观摩、多学习、多实战，才能真正熟练掌握判断结构和循环结构。

老话说，"他山之石，可以攻玉"。为了加深大家对 Python 判断结构和循环结构的理解，下面看看其他编程语言的同类语法。

我学的第一门编程语言是微软公司的 Visual Basic，简称 VB。它的判断结构是这样的：

```
If 满足条件 1 Then
执行语句 1
ElseIf 满足条件 2 Then
执行语句 2
ElseIf 满足条件 3 Then
执行语句 3
……
Else
执行语句 n
End If
```

大家看清楚 VB 跟 Python 的区别了吗？首先，if 和 else 两个单词的首字母必须大写（为减少程序员的工作量，VB 编辑器会自动将关键字首字母变成大写）；其次，用 Then 这个关键字代替冒号；再次，elif 在这里要写成 ElseIf；第四，执行语句不用缩进（为了让代码清晰、易读，有经验的 VB 程序员会采用人工缩进的办法）；最后，一个判断结构必须用关键字 End If 标识结尾。

跟 Python 一样，VB 的循环结构也分为 for 循环和 while 循环，其中 for 循环的语法规则是：

```
For 变量 = 初值 To 终值
执行语句
Next
```

循环结尾必须用关键字 Next 标注一下，而变量取值范围则是用"初值 To 终值"这样的语句来决定。想让计算机输出 1、2、3、4…直到 100，用 VB 的 for 循环写出来是这样的：

```
Dim i as Integer
For i = 1 To 100
print i
Next
```

"Dim i as Integer"，意思是用关键字 Dim 创建变量 i，声明它是整型变量。

使用变量之前，先须声明变量类型，这是许多编程语言的要求。但 Python 没这么麻烦，无论是整型变量、浮点型变量、字符串变量，还是列表变量、字典变量、元组变量，都是想用就用，无须事先声明。另外，程序员在应用许多编程语言时，声明一个变量属于什么类型之后，编写后面的代码时必须小心翼翼地避免改变其类型。而 Python 编程规则中没有这条硬性规定，一个变量在上一行代码中还是整型，到下一行就能变成浮点型。Python 常常被程序员叫做"动态语言"，就是因为它的变量类型是随时可变的。

接着看 VB 的 while 循环：

```
While 满足条件
执行语句
Wend
```

Wend 是 While end 的缩写，VB 需要利用这个关键字告诉 VB 编译器，while 循环的执行语句将在何处结束。假如一个 while 循环的结尾没有用 Wend 做标记，那么 VB 编译器将不知所措。

用过 Linux 操作系统的朋友都知道，该系统常常需要用户在 shell 环境里编写脚本，完成相对复杂的操作。Linux 脚本同样有判断结构和循环结构，在每一个判断模块或者循环模块的结尾，同样需要特定的关键字标注一下，否则操作系统就处理不了。

先看 Linux 脚本的判断结构：

```
if 满足条件 1
then
执行语句 1
elif 满足条件 2
执行语句 2
elif 满足条件 3
执行语句 3
……
else
执行语句 n
fi
```

是不是很像 VB 语言？大家可以发现 VB 与 Linux 的相似之处：第一，不需要缩进（有经验的 linux 用户为了让脚本清晰、易读，在写代码时该缩进还是会缩进）；第二，每行 if 下面都要有关键字 then；第三，判断结构的结尾必须用一个关键字做标记。只不过，VB 用 End If 做标记，Linux 用 fi 做标记。fi 是 if 的反写，这个设定很有趣。

再看 linux 脚本的循环结构：

```
for 变量 in 取值范围
```

```
do
执行语句
done
```

这是 Linux 的 for 循环，用关键字 do 作为循环体的开头，用关键字 done 作为循环体的结尾。do 是"开始做"，done 是"做完了"，非常类似人类语言，也是很有趣的设定。

```
while 满足条件
do
执行语句
done
```

这是 Linux 的 while 循环，同样用 do 标记开头，用 done 标记结尾。

最后，再看看最经典的编程语言 C 语言怎样给判断结构和循环结构做标记。

```
if (满足条件 1)
{
执行语句 1;
}
else if (满足条件 2)
{
执行语句 2;
}
else if (满足条件 3)
{
执行语句 3;
}
......
else
{
执行语句 n;
}
```

以上就是 C 语言的判断结构，每一层执行语句都用左花括号（{）开头，用右花括号（}）结束。

```
while （满足条件）
{
执行语句；
}
```

以上是 C 语言的 while 循环，依然是用左花括号标记循环体的开头，用右花括号标记循环体的结尾。

我们知道，C++、C# 和 Java 都是在 C 语言基础上发展出来的编程语言（很奇怪：Python 编译器也是用 C 语言开发出来的，但 Python 的编程思想和语法规范却跟 C 语言大相径庭），所以这几种语言都继承了 C 语言的风格，无论是 if…else…语句，还是 for 循环和 while 循环，全部使用左右花括号做标记。如果用 C++、C# 或者 Java 写嵌套循环和嵌套判断，那么一层又一层的花括号将大量涌现，类似这个样子：

```
while （满足条件 1）
{
    执行语句 1；
    if （满足条件 2）
    {
        执行语句 2；
        while （满足条件 3）
        {
            执行语句 3
        }
        … … …
    }
    … … …
}
```

在 Python 语言中，嵌套循环和嵌套判断通过强制缩进实现：内层循环必须比外层循环缩进更多，哪层代码块缩进越多，越会被编译器优先执行。这种语法规范至少有一个好处：不会再让程序员被眼花缭乱的花括号搞得头晕。

第四章
函数和计算的本质

战斗力计算模型

金庸先生写了十几部武侠小说，塑造了数百名武林高手，知名度比较高的有：乔峰（萧峰）、段誉、慕容复、郭靖、黄蓉、黄药师、洪七公、欧阳锋、一灯大师、周伯通、杨过、小龙女、令狐冲、任盈盈、任我行、向问天、独孤求败、东方不败、袁承志、文泰来、石破天、陈近南……

这么多武林高手，谁是第一？谁是第二？如果按照"能打程度"做一个排名，该怎么计算他们的战斗力呢？

这里有一个比较靠谱的战斗力计算模型：

$$战斗力 = \frac{1}{2}\left(\sqrt{内力} + \sqrt{招式}\right)^2$$

也就是说，战斗力高低取决于两个因素，一是内力，二是招式。分别对内力值和招式值开平方，再取二者之和的平方，再开方，再乘以 0.5，就能得到一个人的战斗力值。

打个比方，乔峰跟段誉比战斗力，前者内力偏弱而招式极强，后者内力极强而招式太烂。乔峰内力打 8 分，招式打 10 分；段誉内力打 10 分，招式打 1 分。代入战斗力计算模型，则有：

$$乔峰战斗力 = \frac{1}{2}\left(\sqrt{8}+\sqrt{10}\right)^2 \approx 18$$

$$段誉战斗力 = \frac{1}{2}\left(\sqrt{10}+\sqrt{1}\right)^2 \approx 9$$

乔峰战斗力约为 18，段誉战斗力约为 9，倘若双方对决，一个乔峰能打两个段誉。

当然，你可能不赞同这个结论，因为乔峰对段誉的"六脉神剑"颇为忌惮，在《天龙八部》第四十二回中，乔峰亲眼见到段誉与慕容复对决，心里想的是："三弟剑法如此神奇，我若和慕容复易地而处，确也难以抵敌。"但在实战当中，乔峰三招两式就生擒了慕容复，而段誉却与慕容复缠斗良久，最后还差点儿死在慕容复同归于尽的招式之下。由此可见，乔峰战斗力实际上比段誉高得多，这一点应该是没有疑问的。唯一不够客观的是，段誉的招数值可能超过 1 分，而乔峰的内力值也可能高于 8 分。在刚才的计算中，究竟给招数值和内力值打多少分，完全是靠主观判断，而主观判断往往会有误差。

假如我们能得到一张准确无误的打分表，上面记录着每个高手的内力值和招数值，那么只需依次代入公式，就能准确无误地算出每个高手的战斗力值，进而制成一张准确无误的战斗力排行榜。

依次代入公式计算，每次都要算开方、算平方，手工计算易出错，用计算器帮忙也很烦琐。那么，能不能写一个程序来自动计算呢？当然可以。

下面是我在 Python 编辑器里写的战斗力计算程序：

```python
# 战斗力计算函数
def cal_fighting_capacity(force,moves):
    fighting_capacity = 0.5*((force**0.5+moves**0.5)**2)
    return fighting_capacity

# 程序控制模块
```

```
    run = True
    while run == True:
        name = input('姓名:')
        force = int(input('内力值:'))
        moves = int(input('招数值:'))
        fighting_capacity = cal_fighting_capacity (force,
moves)
        print('计算得出 '+name+' 的战斗力:',round(fighting_
capacity,2))
        print()
         command = input('还要继续吗(敲回车键继续,输入"结束"
则终止程序)')
        print()
        if command  == '结束':
            break
```

该程序先创建了一个自定义函数,取名 cal_fighting_capacity。其中,fighting_capacity 代表"战斗力";cal 是单词 calculate(计算)的缩写。函数名较长,但一目了然,能看出来它是专门计算战斗力的函数。

战斗力计算函数包含 force 和 moves 两个参数,force 代表即将输入的内力值,moves 代表即将输入的招数值。将两个参数代入表达式"0.5*((force**0.5+moves**0.5)**2)",等于是计算内力值和招数值的开方和,再取平方,再乘以0.5。最后将计算结果赋值给浮点型变量 fighting_capacity,并将 fighting_capacity 的值作为函数处理结果。

大部分函数都需要参数,参数又分为"形参"和"实参"。什么是形参?就是创建函数时在括号里面输入的变量;什么是实参?就是调用函数时输入的数据。战斗力计算函数的这两个参数,force 和 moves,在调用之前只是变量,都还没有具体数值,属于形参;待我们输入了具体数值之后,那就成了实参。

解释完参数,再看"程序控制模块",里面有一个 while 循环。进入 while 循环之前,先创建布尔型变量 run,赋值为 True。当 run 为 True 时,循环开始,每次都提示用户输入高手的姓名、内力值和招数,然后调用战斗力计算函数,自动算出战斗力，并且输出战斗力。代表战斗力的变量 fighting_capacity 属于浮点型数据，可能有许多位小数，既不实用，也不美观，所以在输出结果时，通过round(fighting_capacity,2) 语句保留两位小数。

循环体的末尾有一个非常简单的判断结构。每当算完并输出一个高手的战斗力以后，程序会问用户是否继续。如果敲回车键，程序会要求输入下一个高手的信息；如果输入"结束"，则 break，循环终止。

该程序总共 18 行代码，分为两个模块，前一个模块是自定义函数，后一个模块用循环结构和判断结构来调用自定义函数。将代码保存为 .py 文件，取名"战斗力计算"，用快捷键 F5 运行之，效果如下：

```
=============== RESTART: 战斗力计算 .py ===============
名字 : 乔峰
内力值 :8
招数值 :10
计算得出乔峰的战斗力 :17.94

还要继续吗（敲回车键继续，输入"结束"则终止程序）

名字 : 段誉
内力值 :10
招数值 :1
计算得出段誉的战斗力 :8.66

还要继续吗（敲回车键继续，输入"结束"则终止程序）

名字 : 慕容复
内力值 :5
招数值 :9
计算得出慕容复的战斗力 :13.73
还要继续吗（敲回车键继续，输入"结束"则终止程序）结束
```

与手工计算及计算器计算相比，该程序相对快捷，但还不够快捷。更理想的程序应该更加自动化，比如，不用将所有高手一个姓名一个姓名地输入，只需要"喂"给程序一张表格，程序就能"吐"出一张完整的榜单，榜单上已经

按照战斗力高低做好了排名，排名后面则是每个高手内力值、招数、战斗力等完整信息。

怎样才能写出如此理想的程序呢？首先，需要编写一个能自动识别图形表格的 OCR 模块；其次，需要编写一个数据结构化处理模块，将 OCR 读到的信息存储为一个字典、一个多维度的列表或者一个编码干净的文本文件；再次，还要编写一个更加强大的程序控制模块，从字典、列表或者文本文件中依次读取 name、force、moves，再调用战斗力计算函数进行计算，调用排序函数进行排序；最后，再编写一个样式美观的输出模块，将完整的榜单保存至硬盘，或者显示到屏幕上。

如果考虑到程序的易用性，最好再做一个图形界面，有菜单栏、工具栏，有几个必不可少的操作按钮，窗口上每个命令和按钮都能调用相应的函数。再假定用户是计算机"菜鸟"，很可能出现错误操作，我们还要在每个模块里加入一些异常捕获代码，避免错误操作导致程序崩溃。

是不是觉得很烦琐？是的，软件开发就是这样，市面上所有成熟的软件都是程序员用极其烦琐的思路和代码开发出来的。但我们作为程序开发的爱好者，我们的编程思路还远远没到专业软件开发的程度，现在只要学会最核心的代码就行了。

程序里最核心的代码是什么呢？就是各种自定义函数。自定义函数的本质是什么呢？这又要从函数的本质开始讲起。

函数盒子有机关

　　说到函数，我们都不陌生。中学数学课会讲"一次函数""二次函数""反比例函数""幂函数""指数函数""对数函数""三角函数""反三角函数"，还会讲函数的"单调性""奇偶性""周期性""对称性"等。

　　关于函数的定义，我们在中学的数学课上都学过。简单点的说法是"发生在非空数集间的对应关系"；稍复杂一些的说法则是，"如果存在集合 X 到集合 Y 之间的二元关系，对于每个 $x \in X$，都有唯一的 $y \in Y$，使得 $<x,y> \in f$，那么就称 f 是 X 到 Y 的函数。"

　　看懂了吗？我相信绝大多数读者都没看懂。假如只做函数习题的话，我们还能对函数是什么有一点点浅显的理解；看了上述关于函数的两个定义的描述之后，我们反而什么都不懂了。真是"你不说我还明白，你越说我越糊涂"。

　　其实函数很简单：函数的"函"，我们可以将其理解为"盒子"；函数是什么？就是装数据的盒子。这种"盒子"比较神奇，除了能往里装数据，还能往外

"吐"数据，"吐"出来的都是经过处理的数据。

再具体点儿说，我们应该把函数理解成"内藏计算规则的数据盒"，只要给这只盒子"投喂"一些数据，它就会按照计算规则处理数据，再把处理后的数据"吐"出来。

套用这个说法，可以迅速理解所有的函数。幂函数是什么？嗯，不就是内藏幂运算规则的数据盒吗？例如幂函数 $y=x^3$，"投喂"数字 x，"吐"出 x 的立方。指数函数是什么？不就是内藏指数运算规则的数据盒吗？例如指数函数 $y=3^x$，"投喂"数字 x，"吐"出 3 的 x 次方。正弦函数是什么？不就是内藏正弦公式的数据盒吗？例如正弦函数 $v=\sin(a)$，"投喂"角度 a，"吐"出 a 的正弦值……

同样道理，编程语言里的函数也是内藏计算规则的数据盒。但是跟数学不太一样的是，程序里的数据既可以是数字，也可以是文本、图像、声音、视频以及其他任何一种信息。当然，这些信息在计算机内部最终是以数字形式存储的。

还记得 Python 中的 print 函数吗？它是内置函数，也就是 Python 开发者提前编写好的函数。print 后面有一对小括号 ()，往括号里输入一段信息，就等于给 print 函数"投喂"一段信息。然后 print 函数将这段信息简单处理，再"吐"到屏幕上。

还记得 Python 中的 input 函数吗？它也是内置函数，后面也有一对小括号 ()。在括号当中输入任意一行提示语句，然后 input 将接受下一行来自键盘"投喂"的信息。不论键盘"投喂"任何信息，都会在 input "盒子"里自动变成字符串，再"吐"给某个变量。

还记得 Python 中的 range 函数吗？它就在 for 循环的第一行，负责指定取值范围。往 range 括号里"投喂"(1,100)，"吐"出来的将是 99 个自然数，最小为 1，最大是 99；如果"投喂"(10,1000)，吐出来的将是 990 个自然数，最小是 10，最大是 999。

很多内置函数自身都带有小括号，我们往小括号里"投喂"的具体参数被称为实参。也有个别内置函数不带括号，没有形参，所以不用输入实参，但输入函数名字就等于"投喂"信息。那个终止循环的 break 函数就是这样的——在循环体的任何一行敲入"break"，整个循环就会立刻退出。再比如那个 pass 函数，它可以出现在循环结构、判断结构和顺序结构的任意位置，而它"吐还"的信息只有这么一条：嗨哥们儿，稳住啊，看见我别吱声啊，啥信息都别往外"吐"啊！

总而言之，我们可以将每一个函数理解为一只盒子，每只盒子里都藏着特定的信息处理规则。如果你愿意，完全可以将那些信息处理规则视为盒子里的机关，编写函数的程序员就是机关设计大师。

《碧血剑》里有一位"金蛇郎君"夏雪宜，武功超群，性格怪异却绝顶聪明，擅长设置各种机关。袁承志年少时，无意中在一个山洞里发现了夏雪宜的遗体，以及他生前设计的一大一小两只铁盒。袁承志打开小铁盒，里面是一张纸，纸上写着一段话："君是忠厚仁者，葬我骸骨，当酬以重宝秘术。大铁盒开启时有毒箭射出，盒中书谱地图均假，上有剧毒，以惩贪欲恶徒。真者在此小铁盒内。"在这张纸下面，又有一个信封，信封里藏着大铁盒的开启方法："铁盒左右，各有机括，双手捧盒同时力掀，铁盒即开。"

袁承志根据这段使用说明，在木桑道人的帮助下开启了大铁盒：

（木桑道人）叫哑巴搬了一只大木桶来，在木桶靠底处开了两个孔，将铁盒扫开了盖放在桶内，再用木板盖住桶口，然后用两根小棒从孔中伸进桶内，与袁承志各持一根小棒，同时用力一抵，只听得呀的一声，想是铁盒第二层盖子开了，接着锵锵咚咚之声不绝，木桶微微摇晃。

袁承志听箭声已止，正要揭板看时，木桑一把拉住，喝道："等一会！"话声未绝，果然又是嗤嗤数声。

隔了良久再无声息，木桑揭开木板，果然板上桶内钉了数十支短箭，或斜飞，或直射，方向各不相同，齐齐深入木内。木桑拿了一把钳子，轻轻拔了下来，放在一边，不敢用手去碰，叹道："这人实在也太工心计了，惟（注：即'唯'）恐一次射出。给人避过，将毒箭分作两次射。"

站在编程的角度来分析上面这段内容，夏雪宜生前编写了大铁盒函数和小铁盒函数，他把大铁盒函数的使用说明放进小铁盒里，并在大铁盒里暗藏了"先后两轮释放毒箭"的计算规则。假如其他程序员不明真相，试图先给大铁盒"投喂"信息，就会触发计算规则，使得大铁盒"吐"出"开启者将被毒箭射死"这条死亡信息。

一个拥有常规编程思路的程序员会这样编写函数吗？肯定不会。正常情况下，程序员编写函数，追求其清晰易读、稳重可靠，追求其能够精准高效地处理信息，绝不会将一个函数的注释藏到另一个函数里面，绝不会故意让调用这些函数的程序员犯下致命错误。

所以，袁承志的师父穆人清摇头叹息，说了一番批评夏雪宜的话："若是好奇心起，先去瞧瞧铁盒中有何物事，也是人情之常，未必就不葬他的骸骨。再说，就算不葬他的骸骨，也不至于就该死了。此人用心深刻，实非端士！"

但是夏雪宜的这种做法对于我们编程初学者来说也是有所启发的：编写了两个比较个性化的函数，有助于我们理解函数的个性。

神雕不吃草，闪电貂不吃糖

所有函数都有自己的个性：它们只"吃"符合自己口味的信息。

换句话说，你要想调用一个函数并且不犯错误，就必须"投喂"符合该函数特定要求的信息。

以 print 函数为例，它接收的信息可以是数字，可以是算式，也可以是字符串，甚至可以是列表、字典、已经赋值的布尔型变量……但它不能接收声音、图像、视频，也不能接收非法的算式和非法的字符串。

尝试以下操作：在解释器里输入 print(1)，将输出 1；输入 print(1+2)，将输出 3；输入 print(' 武侠编程 ')，将输出 ' 武侠编程 '；输入 print(True) 或 print(False)，将输出 True 或 False。但要是输入 print(3/0) 或 print(武侠编程)，解释器就会报错：在除法算式里 0 不能当除数；武侠编程这四个字既没有被单引号包括，也没有被双引号包括，不是合格的字符串。

以 range 函数为例，它的小括号里可以"投喂"两个整数，但不能"投喂"小数或者字符串。

无须判断结构 if…else…，直接在解释器里输入 range(1,11)，表明给 range 函数"投喂"实参 1 和 11，然后内存里将多出从 1 到 10 共 10 个整数；假如输入 range(0.1,0.11) 呢？输出结果必有红字报错：

```
TypeError: 'float' object cannot be interpreted as an
integer
```

类型错误：浮点型对象不能解释为整数。

再输入 range(' 开始 ',' 结束 ')，输出结果也是红字报错：

```
TypeError: 'str' object cannot be interpreted as an
integer
```

类型错误：字符串对象不能解释为整数。

在本章第一节，为了自动计算武林高手的战斗力值，我编写了自定义函数 cal_fighting_capacity；现在，请允许我再把这个函数的代码复制过来：

```
def cal_fighting_capacity(force,moves):
    fighting_capacity=0.5*((force**0.5+moves**0.5)**2)
    return fighting_capacity
```

自定义函数也是函数，它跟内置函数的本质相同——全是一些暗藏"机关"的盒子，全都接收信息并"吐出"信息。二者的区别在于，内置函数是编程语言的开发者早就编写好的函数，直接就能用；自定义函数是我们自己编写的函数，先编写再使用。

"自定义"这三个字听起来完全不像汉语。实际上，绝大多数编程语言都是由外国程序员开发的，我们使用的绝大多数编程术语或规则也是外国程序员先予以约定俗成的，中外语言环境不同，造成中国程序员只能使用一些直白得不像话的翻译，也许会导致编程初学者不明所以，甚至产生歧义。

比如，编写一个新的函数，应该称为"自编写函数"，然而对应的英文术语是 Self-defining Function，只能直译成"自定义函数"。比如，创建一个新的变量，应该称为"创建变量"，然而对应的英文术语是 Declare Variable，只能直译成"声明变量"。再比如，函数将处理后的信息"吐"出来，按中文习惯可以说"输出""弹出""吐出"，也可以说"反馈"，甚至可以说"回馈"，然而对应的英文术语竟然是 return，那中国程序员只好直译成"返回"了。

在后文有关编写新函数的章节里，为了避免产生歧义，我尽量不说某个函数"返回"了某条信息或某值，而说它"反馈"了某条信息或某值。所以，请读者们将其真实含义就理解成"反馈"或"反馈的信息"。

闲言少叙，回到正题。当调用一个函数时，只能"投喂"合其口味的信息，否则其就会报错。以自定义函数 cal_fighting_capacity 为例，它有两个参数，分别用变量 force 和变量 moves 表示。force 即内力值，必须是数字；moves 是招数值，也必须是数字。假如我"投喂"给 cal_fighting_capacity 的不是两个参数，而是一个参数呢？程序会报错。

我们可以复制到解释器里试试：

```
>>> def cal_fighting_capacity(force,moves):
    fighting_capacity=0.5*((force**0.5+moves**0.5)**2)
    return fighting_capacity

>>> cal_fighting_capacity(10)
```

可以看到，这两个代码块，前一个代码块将函数存进解释器，后一个代码块调用函数。难道是调用时函数名称写错了吗？没有。括号里输入实参了吗？输入了，但由于只输入了一个参数，所以解释器报错如下：

```
Traceback (most recent call last):
  File "<pyshell#2>", line 1, in <module>
    cal_fighting_capacity(10)
```

```
TypeError: cal_fighting_capacity() missing 1 required
positional argument:'moves'
```

其中，"cal_fighting_capacity() missing 1 required positional argument"，函数 cal_fighting_capacity 缺少一个参数。嗯，没错，确实缺少一个。

再调用一次，这回输入两个实参，但故意不输入数字，改输字符串：

```
>>> cal_fighting_capacity(' 很强 ',' 很快 ')
```

然后，程序出现一大堆红字报错：

```
Traceback (most recent call last):
  File "<pyshell#3>", line 1, in <module>
    cal_fighting_capacity(' 很强 ',' 很快 ')
  File "<pyshell#1>", line 2, in cal_fighting_capacity
    fighting_capacity = 0.5*((force**0.5+moves**0.5)**2)
TypeError: unsupported operand type(s) for ** or
pow():'str' and 'float'
```

看最后一行："unsupported operand type(s) for ** or pow(): 'str' and 'float'"，其中"pow()"表示幂运算。我们的战斗力计算模型中既有乘方，又有开方，而乘方和开方在本质上都是幂运算。什么样的信息能参与幂运算？答案为：只能是数字，不能是字符串。所以，解释器警告"unsupported operand type(s)"，意即，在幂运算中发现了不能参与计算的数据类型。

所以，内置函数也好，自定义函数也罢，每个函数都有自己鲜明的特点，都只接受符合自己要求的信息输入，否则绝不会顺利地处理信息并"吐"出信息。

为加深理解，请读者们展开想象的翅膀，将代码里的每一个功能强大的函数都想象成自家厨房里的家用小电器，例如豆浆机、咖啡机、榨汁机、铰肉机等。如果将不合规范的信息"投喂"给函数，就好比往豆浆机里放可可豆，往咖啡机里放大骨头，往榨汁机里放臭袜子，往铰肉机里放一本《武侠编程》纸质书。

　　请读者们继续展开想象的翅膀，想象《神雕侠侣》里陪杨过练功的那只神雕，想象《天龙八部》里帮段誉退敌的那只闪电貂。神雕吃什么？吃牛羊、鸡鸭、鱼，不吃草；闪电貂吃什么？据它的主人钟灵介绍，它最爱吃毒蛇，从小就拿毒蛇喂它。现在，想象这两只神奇的动物来到你身边，你喂神雕吃草，喂闪电貂吃糖，会有什么后果？神雕可能不理你，昂起高傲的头；闪电貂脾气大，身法又快，呼的一声扑到你身上，就势一口……

　　而函数与闪电貂的相似之处在于，只要不按规则投喂，它们就会反噬投喂者。

自定义函数

下面，我们从易到难创建几个函数，再按照规则进行"投喂"。

在 Python 环境下创建函数，语法格式是这样的：

```
def 函数名（参数 1，参数 2，参数 3，……参数 n）:
    信息处理规则
    return 处理后的信息
```

每次创建函数都须从关键字 def 开始。def 是 define 的缩写，意即"给某物下定义"，扩展含义就是"创建自定义函数"。

def 后面必须跟函数名称。跟变量名称一样，Python 的函数名称禁止使用汉字，禁止用数字开头，禁止用空格断开，禁止用非法字符（包括前后斜杠、计算符号、标点符号）；允许字母大小写，允许用短下划线做间隔。

函数名后面紧跟小括号，括号里面就是将来调用该函数时"投喂"信息的地方。如果需要"投喂"一条信息，就预留一个参数；需要"投喂"多条信息，就预留多个参数，参数和参数之间必须用英文（半角）逗号分隔。所谓"参数"，又可以理解成函数内部处理信息时要用的变量，所以参数的命名规则跟变量的命名规则一模一样。

再看"信息处理规则"部分，它是函数的核心，是函数里的计算，是盒子里的机关，是所有参数都要进入熔炼的熔炉，是铰肉机、咖啡机、榨汁机、豆浆机里的电机和刀片，是杨过神雕和钟灵闪电貂的肠胃……是不是感觉越说越玄乎？不要紧，等会儿编写几个函数实例，你马上就不觉得玄乎了。

最后是函数的 return 部分。return 本来的释义为"返回"，这里应该理解成"反馈"。用户调用函数，通过输入具体的参数值来"投喂"信息，那些信息被"信息处理规则"加以处理，最后被关键字 return 给"吐"出来。"吐"出来的信息又可被"投喂"给其他函数，经过再次处理，再一次"吐"出来……

俗话说，"光说不练假把式"。下面，我们来写一个简单的函数：

```
def add(a,b):
    s=a+b
    return s
```

def add()，意即要创建一个名为 add 的函数。括号里有 a、b 两个参数，所以用英文逗号分开。上述代码中 def add() 的具体格式为：

def，函数名，小括号，小括号里的参数，最后用英文冒号（半角）结束第一行，点击回车键，输入信息处理规则。

必须注意的是，Python 的编程规则处处讲究缩进，信息处理规则的位置必须向右缩进，末尾 return 的位置则必须跟信息处理规则保持一致。

这个 add 函数的信息处理规则非常简单，只有一行："s=a+b"。很明显，是要将参数 a 和参数 b 加起来，将加和赋值给变量 s。

再下一行是 return 部分。代码中："return s"，表明 add 函数最终"吐"出变量 s，即参数 a 和参数 b 的和。

这个函数总共 3 行，还能进一步缩短为 2 行：

```
def add(a,b):
    return a+b
```

也就是说，可以省去信息处理规则，直接"return"一个数学表达式。但Python解释器和编译器会对数学表达式做出处理，所以最后"吐"出来的仍然是参数 a 和参数 b 的和，而不是 $a+b$ 这个式子。

回头再看函数名称和参数名称：函数用 add 命名，参数用"a"和"b"命名。必须这样吗？当然不是，你将 add 改成 f，改成 s，甚至改成汉语拼音 jia、jiafa 或者 zuojiafa，解释器和编译器都不会报错。但是，代码的可读性就差很多了，远不如 add 一目了然——全世界程序员都能看懂这个 add 函数就是加法函数。至于括号里的参数"a"和"b"，则可以改成"a1"和"a2"，"x"和"y"，"m"和"n"，这些都符合规范并且清晰易读。也有人非要把参数写成 augend（代表加数）和 summand（代表被加数），搞成 def add(augend，summand) 这样子，清一色全是英文单词，倒也不会报错，但是参数名居然比函数名长得多，看上去总是显得头重脚轻。

怎么调用这个刚刚编写好的函数呢？

在解释器里调用，只要另起一行，输入函数名 ()，括号里输入具体的参数，最后敲回车键，就能看到该函数的反馈结果。请注意，因为函数内部的信息处理规则是加法，所以参数应该是两个数字，也可以是两个字符串，但不能是一个数字和一个字符串。我们都知道，Python 支持字符串相加，但不支持字符串和数字相加。

```
>>> def add(a,b):
    return a+b

>>> add(3,4)
7
>>> add('武侠','编程')
'武侠编程'
>>> add(0.36,15)
15.36
```

```
>>> add('0.36',15)
Traceback (most recent call last):
  File "<pyshell#4>", line 1, in <module>
    add('0.36',15)
  File "<pyshell#0>", line 2, in add
    return a+b
TypeError: can only concatenate str (not "int") to
str
```

上图中，用两个数字和两个字符串当参数都没有问题，但输入"add ('0.36',15)"就报错。其中，'0.36' 是字符串，15 是数字，因此不能相加。

再试试在编辑器里调用。

打开编辑器，编写 add 函数，然后输入"add(3,4)"，保存为 add.py，运行之。咦？没有反应，啥结果都没出现：

```
def add(a,b):
    return a+b

add(3,4)
================ RESTART:add.py ================
```

为啥会这样呢？原来，用编辑器编写的 .py 文件（又叫 Python 脚本文件）只能用编译器运行。编译器不做即时翻译，它看到"add(3,4)"这行代码，就调用 add 函数进行处理，但却把 add 函数的反馈结果"扔"给内存，而不是"扔"到屏幕上让你看见。

想看见吗？很简单，修改代码，将反馈结果利用 print 函数以显示出来：

```
def add(a,b):
    return a+b

print(add(3,4))
================ RESTART:add.py ================
7
```

上述代码中，"print(add(3,4))"，出现双重括号，容易让人眼花，按我的编程习惯，宁可多写一行，也要让代码清晰、易读，于是就多写一行，运行结果没变：

```
def add(a,b):
    return a+b

result = add(3,4)
print(result)
================ RESTART:add.py ================
7
```

不管是两个数相加还是两个字符串相加，用计算符号 + 就能搞定，所以 add 函数没有实际意义，它只是让我们练练手，体验体验自定义函数的编写方法和调用过程。

Python 中还有一种自定义函数叫"匿名函数"，不需要 def 开头，也不需要换行，一行代码就能创建一个函数：

```
函数名 = lambda 参数 1, 参数 2, 参数 3, ……参数 n：信息处理规则
```

其中，lambda 跟 def 一样，也是 Python 的关键字。解释器和编译器一接收到 def，就知道要创建一个自定义函数；一接收到 lambda，就知道要创建一个匿名函数。

我们使用 lambda，将刚才 def 创建的那个 add 函数改写成匿名函数，原本几行代码，如今只需一行：

```
add = lambda a,b: print(a+b)
```

这个匿名函数的功能和调用方法跟普通自定义函数一模一样：

```
add(23,45)
68
add(51.89,27.62)
79.51
```

所以，当要创建的函数不太复杂时，使用 lambda 来创建是非常节省代码的。但 lambda 的缺陷在于，信息处理规则必须在一行代码里完成，如果涉及判断结构和循环结构，一行代码解决不了，那就完了。比如说要编写一个计算级数的函数，lambda 就无能为力，只能使用 def。

所谓"级数"，指的是一个数列里所有项的和。10 的级数 =1+2+3+…+10，100 的级数 =1+2+3+…+100，2866 的级数 =1+2+3+…+2866。Python 里没有直接求级数的计算符号，也没有用来求级数的内置函数，我们可以编写一个能求级数的自定义函数。

级数对应的英文单词是 series，所以，我们不妨给这个函数就命名为 series：

```
def series(n):
    temp = 0
    for  i in range(1,n+1):
        s = temp+i
        temp = s
    return s
```

函数名 series，括号里只放一个参数 n。然后设置临时变量 temp，初始化为 0。再来一个 for 循环，让变量 i 从 1 到 n 的范围内依次取值，每取值一次，都累加给临时变量 temp，再将 temp 的值交给另一个变量 s。如此循环累加，等到 for 循环停止时，s 就是从 1 到 n 的所有元素的和，也就是 n 的级数。最后使用 return，"吐"出 s 的值，大功告成。

将代码保存为 .py 文件，取名"级数"，先运行，后调用：

```
================ RESTART: 级数 .py ================
>>> series(3)
6
>>> series(100)
5050
>>> series(1000)
500500
>>> series(99999)
4999950000
```

3 的级数等于 1+2+3，结果是 6，没错。

100 的级数等于 1+2+3+…+100，结果是 5050，也没错。

1000 的级数是 500500，99999 的级数是 4999950000，结果都是正确的。

但如果输入 series(0)、series(-100)、series(50.8)，程序都会报错。也就是说，你可以"投喂"大于等于 1 的自然数，却不能"投喂"0、负数和小数。

问题出在哪儿呢？仔细查看代码里的 for 循环，"for i in range(1,n+1)"，变量 *i* 只能在 1 到 *n* 的范围内取值，*n* 必须是整数，并且必须大于等于 1。哦，原来如此。

那么，怎样才能不让这个函数报错呢？补充一个判断结构就解决了：

```
def series(n):
    if n == 0:
        return 0
    elif n < 0:
        return None
    elif n is not int:
        return None
    else:
        temp = 0
        for  i in range(1,n+1):
            s = temp+i
            temp = s
        return s
```

函数处理信息之前，先检查用户输入的实参。实参为 0，则"吐"出 0（0 的级数还是 0）；实参为负，则"吐"出 None；实参不是整数，也"吐"出 None；只有当实参为正整数时，才进行累加运算，并"吐"出累加结果。

注意代码里的"None"和"n is not int"。"None"是关键字，意思是"空值"；"is not int"是一个逻辑表达式，相当于"不是整数"；"elif n is not int"，意即如果参数 *n* 不是整数；"return None"，意即不做运算，"吐"出空值。

为了让修改后的函数清晰易懂，也为了让其他程序员准确理解和正确使用这个函数，最好加上注释，也就是使用说明。那么，应如何给自定义函数加注释呢？通常在函数头部用三引号（'''）写一段总纲，在函数内部用 # 标注编程思路：

```python
''' 本函数用于级数运算，目前只接受正整数，不接受负数和小数 '''
def series(n):
    # 0的级数还是0
    if n == 0:
        return 0
    # 参数为负时，返回空值
    elif n < 0:
        return None
    # 参数为小数时，返回空值
    elif n is not int:
        return None
    # 参数为正整数时，用for循环累加求和
    else:
        temp = 0
        for  i in range(1,n+1):
            s = temp+i
            temp = s
        return s
```

该函数完善到这个地步，基本上就是一个清晰并且健壮的自定义函数了。所谓"清晰"，是指代码容易被人读懂；所谓"健壮"，是指函数能接受一些哪怕并不规范的"投喂"方式，就算你"投喂"给它的实参是错的，它也不闹肚子，非常皮实。

我们再接再厉，继续编写一个短小精悍的"反正话"函数：

```python
''' 中国相声里有 " 反正话 "，将对方说的话倒过来说一遍，
        本函数的功能正是如此。'''
def reverse(you_say):
    I_say = you_say[::-1]
    return(I_say)
```

函数名是 reverse（颠倒），形参是字符串，核心代码只有一句：

```
"I_say = you_say[::-1]"
```

[::-1] 其实是列表变量的操作方法，能将列表中的各项元素颠倒排序，生成一个新的列表。有意思的是，Python 的底层运行逻辑就是将字符串当成列表来编码，字符串 ' 武侠编程 ' 跟列表 [' 武 ', ' 侠 ', ' 编 ', ' 程 '] 是一回事儿。所以，[::-1] 也能将字符串变量 "you_say" 的顺序颠倒过来，赋值给另一个字符串变量 "I_say"。

我们再写一个循环结构，调用这个 "反正话" 函数：

```
run = True
while run == True:
    you_say = input(' 你说 :')
    if you_say == ' 停 ':
        print(' 我说 : 好吧 ')
        break
    else:
        I_say = reverse(you_say)
        print(' 我说 :',I_say)
```

将这个循环结构和前面的反正话函数保存为一个 .py 文件，取名 "反正话"，运行之。不管你输入什么，程序都可以将你所输入的内容给颠倒过来，直到喊 "停"，程序结束。

```
================ RESTART: 反正话 .py ================
你说 : 我是令狐冲
我说 : 冲狐令是我
你说 : 我是独孤求败
我说 : 败求孤独是我
你说 : 今天的天气很好啊
我说 : 啊好很气天的天今
你说 : 你吃了吗
我说 : 吗了吃你
你说 : 停
我说 : 好吧
```

随机函数与凌波微步

　　还有一类函数，看上去似乎很无聊，但实际上特别重要，它叫"随机函数"。

　　所谓"随机"，是指不确定、没规律，天上一脚地下一脚，总是让人猜不到。随机函数呢？就是能够"吐"出随机信息的函数。例如"吐"数字，上一次"吐"1，下一次"吐"8，然后又"吐"4，接着又"吐"8，完全没有规律可循。

　　这样的函数该怎么编写呢？ 70 多年前，伟大的数学家兼计算机科学家约翰·冯·诺依曼（John von Neumann）设计了一个方法，叫作平方取中法。该方法简述如下：随便想一个四位数，算它的平方，得到一个七位数或者八位数；如果是七位数，在左边补一个 0，然后取中间四位；如果是八位数，直接取中间四位；取到中间数以后，再算它的平方，又得到一个七位数或者八位数；如果是七位数，再从左边补 0，然后取中间四位，如果是八位数……如此循环往复，就能得到一大堆看上去没有规律的随机数。

拿出纸和笔，我们亲自试试平方取中法。

第一步，随便想一个四位数，假定 1234 吧，计算它的平方（可用 Python 解释器计算，比手算快得多），结果是 1522756。这是个七位数，所以在左边补 0，变成 01522756，取中间四位，得到 5227。

第二步，算 5227 的平方，结果是 27321529。这是个八位数，取中间四位，得到 3215。

第三步，算 3215 的平方，结果是 10336225，依然是个八位数，取中间四位，得到 3362。

第四步，算 3362 的平方，结果是 11303044，还是个八位数，取中间四位，得到 3030。

第五步，算 3030 的平方，结果是 9180900，这是一个七位数，左边补 0，变成 09180900，取中间四位，得到 1809。

第六步，算 1809 的平方，结果是 3272481，还是七位，左边补 0，变成 03272481，取中间四位，得到 2724……

从第一步到第六步，经过 6 次迭代运算，依次得到 6 个数字，即 5227、3215、3362、3030、1809、2724。这些数字看上去有规律吗？没有。所以，平方取中能生成一系列看上去很随机的随机数。

平方取中既简单又好用，正是利用这种算法，约翰·冯·诺依曼用各种随机数系列，为美国军方设计出了一套有用的密码。

我们也动手编写一个平方取中函数吧：

```
'''平方取中随机函数，算法来自约翰·冯·诺依曼
    函数名 midsq，是平方取中 midsquare 的缩写
        参数 init 是人为设定的初始值，必须是四位数
            参数 times 是迭代运算的次数，同时也是即将生成的随机
数个数'''
    def midsq(init,times):
        # 构建一个空列表，用来存储随机数
```

```
        list_random = []
        # 用 for 循环进行迭代运算
        for i in range(1,times+1):
            # 对初始值求平方
            sq=init**2
            # 如果初始值的平方不是八位数
            if sq < 10000000:
                # 将其转化为字符串，并在左侧补 0
                str_sq = '0'+str(sq)
                # 如果初始值的平方是八位数
            else:
                # 直接转化为字符串
                str_sq = str(sq)
                # 从字符串中间取出四个字符
            str_random = str_sq[2:6]
            # 将四个字符转化为四位数，赋给初始值
            init = int(str_random)
            # 将每次生成的四位数存入列表
            list_random.append(init)
        # 吐出列表
        return list_random
```

保存为 .py 文件，命名为"平方取中"，然后测试：

```
============== RESTART: 平方取中随机函数 .py ==============
>>> midsq(1234,6)
[5227, 3215, 3362, 3030, 1809, 2724]
```

代码中，"midsq(1234,6)"，意即初始值设为 1234，迭代次数设为 6 次，得到一个随机数列表，列表里有 6 个随机数，跟我们在前面手算得到的结果一模一样，说明代码准确无误。

随意换一个初始值，比如 6958，再将迭代次数设为 100 次：

```
>>> midsq(6958,100)
[4137, 1147, 3156, 9603, 2176, 7349,  78,  84,  56,  136, 8496,
1820, 3124, 7593, 6536, 7192, 7248, 5335, 4622, 3628, 1623, 6341,
2082, 3347, 2024,  965, 3122, 7468, 7710, 4441, 7224, 1861, 4633,
```

4646, 5853, 2576, 6357, 4114, 9249, 5440, 5936, 2360, 5696, 4444, 7491, 1150, 3225, 4006, 480, 3040, 2416, 8370, 569, 2376, 6453, 6412, 1137, 2927, 5673, 1829, 3452, 9163, 9605, 2560, 5536, 6472, 8867, 6236, 8876, 7833, 3558, 6593, 4676, 8649, 8052, 8347, 6724, 2121, 4986, 8601, 9772, 4919, 1965, 8612, 1665, 7722, 6292, 5892, 7156, 2083, 3388, 4785, 8962, 3174, 742, 5056, 5631, 7081, 1405, 9740]

哇，瞬间得到 100 个随机数！

任意输入一个四位数的初始值，并任意指定迭代次数，理论上可以生成无穷无尽的随机数。将这些随机数两两配对，并将其作为一个人在平面直角坐标系上的坐标，那么以肉眼来看，这个人的位置（在坐标系中的位置）就是不可预测的，因为你很难搞清楚他下一步会跑到哪里去。

想看实际效果是什么样子吗？继续编程：

```python
# 导入库函数 turtle
from turtle import *

# 扩充平方取中随机函数
def midsq(init,times):
    list_random = []
    for i in range(1,times+1):
        sq = init**2
        if sq < 10000000:
            str_sq = '0'+str(sq)
        else:
            str_sq = str(sq)
        str_random = str_sq[2:6]
        init = int(str_random)
        random_n = int(init/30)
        list_random.append(random_n)
    return list_random

# 初始化人物状态
home()
```

```
clear()
register_shape('duan_yu.gif')
shape('duan_yu.gif')
speed(0)

# 调用平方取中，用两组随机数决定人物位置
list_x = midsq(1234,100)
list_y = midsq(4321,100)

# 使用循环结构，让人物依次获取随机位置
for i in range(0,100):
    x = list_x[i]
    y = list_y[i]
    goto(x,y)
    stamp() # 每行进一次，留下一个分身
```

这个程序首先导入一个名叫 turtle 的库函数。什么是"库函数"？暂且不用考虑，你只要知道 turtle 库函数是别人做出来的工具，能让一些小东西在图形窗口上跑来跑去就行了。

我们简单修改了平方取中函数，让它生成的随机数从较大的四位数变成了较小的三位数、两位数甚至个位数。然后调用平方取中函数，生成两个列表，每个列表各包含 100 个随机数。将两个列表里的随机数分别作为 x 坐标和 y 坐标，再编写一个 for 循环，使一个古装人物按照随机坐标走来走去。他每走出一步，都会在屏幕上留下一个分身。

看，这就是他留下来的所有分身。

有的分身在屏幕中央，有的分身在屏幕角落，有的分身跑到了屏幕外面，看上去毫无规律可循。

看过《天龙八部》的小伙伴们想必早就猜出来了，对，画面里的古装帅哥就是段誉，那些杂乱无章的分身就是段誉施展"凌波微步"绝技时留下的身影。凌波微步的特征是什么？那就是，步法巧妙，无章可循；瞻之在前，忽焉在后；能做到永远让敌人打不到。

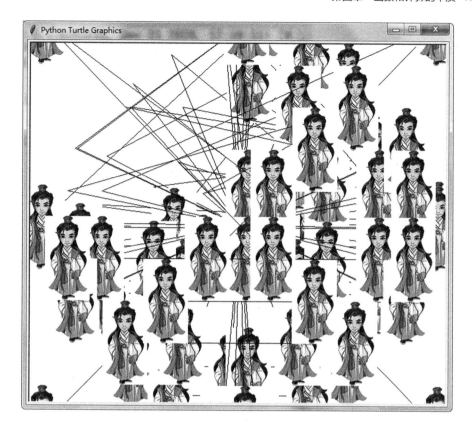

先别兴奋，再运行一遍程序，你就会发现问题所在：咦？不对啊，段誉这回施展"凌波微步"，所有分身的位置怎么都跟上回一模一样呢？敌人只要记性好，能记住他第一遍的步法，第二遍不就能够打中他了吗？

确实如此，问题就出在平方取中算法身上。约翰·冯·诺依曼设计的平方取中算法只是生成一堆看起来很随机的数，实际上并不真正随机——只要输入同一个初始值，那么每次生成的随机数列都一模一样。比如，你连续三次调用平方取中函数，三次都将初始值定为1234，三次生成的随机数列就都是5227,3215,3362,3030,1809,2724……

所以，现在很少有人利用平方取中算法生成随机数，而是普遍采用一种叫作"线性同余生成器"（Linear Congruential Generator）的算法，简称LCG算法。

可以用一个数学公式表示LGG算法：

$$x_{n+1}=(ax_n+c)\mathrm{mod}(m)$$

其中，参数 m 叫作"模"，必须是非常大的正整数；

参数 a 叫作"系数"，是一个小于 m 的正整数；

参数 c 叫作增量，是一个比较小的正整数；

上式里的计算符号 mod，代表"求余运算"。比如 5 mod 3，意即用 5 除以 3，求其余数，结果是 2。再比如 1000 mod 6，意即用 1000 除以 6，求其余数，结果是 4。Python 规则中有一个求余运算的专用符号 %，千万不要把它当成百分号，它的功能是求余，相当于 mod。

以下是我编写的一个 LGG 随机函数：

```python
''' 线性同余生成器函数，可生成任意一项随机数
    参数 n 表示第 n 项随机数 '''
def LGG(n):
    m = 2**32 # 将模定为 2 的 32 次方
    a = 25214903917   # 将系数定为 25214903917
    c = 11    # 将增量定为 11
    seed = 250 # 将初始值定为 250
    if n <= 1:
        return seed
    else:
        # 代入 LGG 公式，进行迭代求余运算
        for i in range(1,n):
            item = (a * seed + c) % m
            seed = item
            xn = seed
        # 吐出第 n 项随机数
        return xn
```

调用这个 LGG 函数，能生成一些相对复杂的随机数。复杂到什么程度呢？用数学语言说，可以通过比较严格的统计学测试；用比较直白的话讲，普通人很难破解。

现实生活中很多场景是离不开复杂随机数的。比如，在彩票的发行过程中，中奖号码如果不能复杂到"几乎不能破解"的程度，那么彩票发行也就是失去了

意义；再比如，绝大多数合法的彩票发行网站都需要一个 SSL 证书，该证书本质上就是一个非常复杂并且独一无二的随机数。

坦白讲，用 LGG 算法生成的随机数也是不安全的，以至于计算机科学家有时会放弃这个算法，改用"岩浆灯"来生成真正无法破解的随机数。"岩浆灯"确实像灯，也有点儿像沙漏，但里面放的并不是岩浆，而是存放两种不同颜色的液体。两种液体的密度差不多，但不会互相溶解，所以你就会看到这种"岩浆灯"里面的液体不停翻滚，形成完全随机的形态。计算机科学家用摄像头拍摄"岩浆灯"，将不断变化的画面转化成不断变化的二进制数，于是真正随机的随机数就生成了。

让你飞起来的库函数

在对随机数质量要求不太高的应用场景下，不需要编写 LGG 函数，更无须使用"岩浆灯"，Python 自带的库函数 random 已经够用了。

打开解释器，第一行输入"import random"，点击回车键，将 random 导入内存。

第二行，输入"random."，也就是 random 后面紧跟着一个英文句号；稍等片刻，会跳出一个带有滚动条的下拉式菜单，菜单上写着 Random、SystemRandom、choice、gauss、Randint 等选项。我们点选 Randint，再输入小括号 ()，此时将看到"(a,b)"，提示输入两个实参。

输入 (1,10)，点击回车键，解释器将蹦出一个数字，可能是 1 到 10 之间的任何一个整数。将"random.randint(1,10)"这行代码复制到下一行，下下一行，下下下一行……解释器会不断出现 1 到 10 之间的任意整数：

```
>>> import random
>>> random.randint(1,10)
9
>>> random.randint(1,10)
4
>>> random.randint(1,10)
3
>>> random.randint(1,10)
5
>>> random.randint(1,10)
9
>>> random.randint(1,10)
2
>>> random.randint(1,10)
2
>>> random.randint(1,10)
10
>>> random.randint(1,10)
9
>>> random.randint(1,10)
8
>>> random.randint(1,10)
6
```

修改实参，改成"random.randint(50,80)"，则将出现 50 到 80 之间的任意整数：

```
>>> random.randint(50,80)
63
>>> random.randint(50,80)
77
>>> random.randint(50,80)
69
>>> random.randint(50,80)
64
>>> random.randint(50,80)
69
>>> random.randint(50,80)
```

```
74
>>> random.randint(50,80)
60
>>> random.randint(50,80)
53
>>> random.randint(50,80)
68
```

很明显，random 能生成随机数，random.randint(a,b) 是能生成随机整数的函数。关于这一点，看名字也能看出来：random，意即"随机"；randint，为 random 和 integer 的缩写，中文意思为"随机"+"整数"。

random 旗下有众多函数，"random.randint(a,b)"只是其中的一个。另外几个常用的函数有：random.random()，意即生成 0 到 1 之间的随机小数；random.uniform(a,b)，意即生成变量 a 和 b 之间的随机小数；random.choice(list)，意即从列表 list 当中随机选择一个元素；random.shuffle(list)，意即将列表 list 的顺序随机打乱，生成一个新的列表……

我们已经知道，函数可被视为能接收信息、处理信息和吐出信息的盒子。我们还知道，像 print、input、range、break、pass、int、str、float、pow 这些由 Python 开发团队提前编写好的函数被称为"内置函数"，由我们自己用关键字 def 编写的函数称为"自定义函数"。而像 random 这样拥有众多函数的仓库，则被称为"库函数"，简称"库"。

库函数是具备各种强大功能的大仓库、工具包、百宝箱；最关键的一点，库函数都是被提前开发好的，我们拿来就能用。程序员使用 Python、Java、C++ 等编程语言开发软件，总是离不开库函数，因为现成的库函数可以帮我们省下大量的编程时间。

库函数又分两大类：一类叫标准库函数，简称"标准库"；另一类叫第三方库函数，简称"三方库"（又叫"扩展库"）。标准库是一门编程语言里自带的库函数，想要用时可随时导入；三方库是一些水平较高的程序员自己开发并上传至互联网的库函数，需要下载安装，然后才能导入和使用。

在上一节内容中，我们用平方取中随机函数模拟凌波微步，曾经使用库函数 turtle。turtle 就是一个典型的三方库，Python 安装包里通常没有，用时需要下载。怎么下载呢？我推荐：使用操作系统中的 shell 命令下载。

以 Windows 为例，进入 cmd。假如还有读者不知道如何进入 cmd，请参照本书第一章中的"下命令不等于编程"一节。进入 cmd 以后，按以下格式输入命令：

```
pip install 三方库的官方名称
```

比如下载 turtle，只需输入 pip install turtle，点击回车键，操作系统将自动连接 Python 官网或者 Github 社区，自动搜索 turtle 安装包，然后自动下载、解压，并自动安装到 Python 指定的路径下面。

如果安装失败，那么有两种可能：第一，电脑不能联网；第二，没有给 Python 正确配置环境变量。怎样配置环境变量呢？请回顾本书第二章中的"给你的电脑装上 Python"一节。

成功安装的三方库，使用方法跟标准库一样，即，先导入、再调用。在 Python 编程环境里导入库函数，总共有以下 4 种方法：

第一种，import 库函数官方名称；

第二种，import 库函数官方名称 as 自定义名称；

第三种，from 库函数官方名称 import 某个具体的函数；

第四种，from 库函数官方名称 import *。

用第一种方法导入库函数，调用格式对应"库函数官方名称 . 函数 (实参)"；用第二种方法导入库函数，调用格式对应"自定义名称 . 函数 (实参)"；用第三种方法导入库函数，调用格式对应"函数 (实参)"；用第四种方法导入库函数，相当于将该库所有函数全部装进内存，然后默认调用，调用格式也是"函数 (实参)"。

下面以三方库 turtle 为例，依次演示各种导入方法和调用格式：

```
# 第一种导入：import 库函数官方名称
import turtle
# 调用格式：库函数官方名称 . 函数名称（实参）
turtle.goto(100,100)

# 第二种导入：import 库函数官方名称 as 自定义名称
import turtle as t
# 调用格式：自定义名称 . 函数（实参）
t.goto(100,100)

# 第三种导入：from 库函数官方名称 import 某个具体的函数
from turtle import goto
# 调用格式：函数（实参）
goto(100,100)

# 第四种导入：from 库函数官方名称 import *
from turtle import *
# 调用格式：函数（实参）
goto(100,100)
```

各种导入方法都有其各自的优、缺点。第一种导入方法的优点是代码清晰，缺点是代码量偏大；第二种导入方法的优点是代码量偏小，但其他程序员必须追溯到"import turtle as t"这一行，才能知道 t 就是代表 turtle；第三种导入方法的优点是能节省内存空间，缺点是代码可读性差；第四种导入最节省代码，但也最消耗内存，同时代码的可读性也较差。

为了节省内存，当一个库函数不再被使用时，可以用"del 库函数（或其子函数）"的方法进行卸载。请注意，这里的卸载并非将库函数从硬盘上清除，而是将该函数从内存里清除，将空间留给其他程序使用。比如以下这段程序：

```
import turtle        # 将 turtle 导入内存
turtle.speed(0)      # 调用 speed 函数，设定对象移动速度为最快
turtle.home()        # 调用 home 函数，使对象回到窗口中央
turtle.clear()       # 调用 clear 函数，清除对象轨迹
turtle.color('red')  # 调用 color 函数，设定轨迹颜色为红色
turtle.pensize(2)    # 调用 pensize 函数，设定轨迹宽度为 2
```

```
# 使用 for 循环，让对象绕圈飞奔
for step in range(10,150):
    turtle.forward(step)
    turtle.right(36)

# 打完收功，从内存中卸载 turtle
del turtle
```

用第一种导入方法将 turtle 导入内存，使用其常用函数，完成一系列动作后，将 turtle 卸载，腾出内存空间。程序运行结束后，得到的图形窗口是这样的（图形的线条是红色的）：

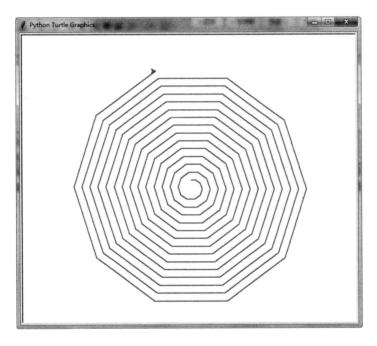

代码里不写"del 库函数"这样的语句行不行？当然行。第一，我们关闭程序时，之前调用的一切库函数都将被操作系统自动卸载；第二，如今的计算机性能越来越好，内存大得惊人，就算编写一个大型程序，需要调用几百几千个库函数，计算机内存也装得下。所以，程序员也不必多此一举，在代码里额外增加一行"del 库函数"。

但我依然认为，随时注意清理内存是一个优秀程序员的好习惯，就如同我们看完一本书就放回书架、用完一支笔就放回笔筒一样，有条有理，汤清水利。

Python 的库函数很多，数量庞杂。粗略统计，目前流行的 Python 版本有几百个标准库、几十万个三方库！从数学计算到文本处理，从网页分析到机器学习，从游戏框架到影视剪辑，从图形渲染到证券分析，凡是你能想得到的需求，几乎都有一个标准库或者三方库可以满足。Python 为什么能成为一门非常走红的编程语言？首先要归功于这些数量庞大和功能全面的库函数。

当然，Java 和 C++ 也有非常丰富的库函数，就连 Python 的某些库函数都是用 C++ 编写的。但在易用性方面，Python 独占鳌头，它能以最简单、最快捷的方式调用库函数。

设置一个假定场景，有一批高手程序员终于开发出了能够让人飞起来的库函数，以 import 导入，然后调用，就能白日飞升。

有没有这样的 fly 库函数？当然没有，至少到目前为止还没有。这个假定场景无非想说明，Python 本身很强大，而库函数能让它更强大。

初学者编写程序，当有些功能无法通过编写代码实现时，或者编写起来非常耗时时，一定要查询网上是否已经有了相应的库函数。如果有，赶紧用 shell 命令下载安装，然后以 import 导入，调用使用。

千万不要觉得使用别人写好的库函数很丢人，很没有技术含量。实际上技术含量仍然是具备的，比如，你得阅读该函数的使用规范吧？你得掌握该函数的功能特征吧？你得给该函数投喂正确的参数信息吧？如果搞不懂这些，不仅无法使用现有的库函数，甚至还有可能造成程序崩溃、数据丢失。

打个比方，库函数好比别人锻造出来的刀剑，武林高手不会锻造刀剑并不丢人，但如果不会使用刀剑，甚至在挥动刀剑时砍到自己，那才是真正的丢人！

用斐波那契数列进入桃花岛

有一款很好玩的武侠游戏叫《苍龙逐日》。在该游戏中，玩家可以在一个虚拟的江湖世界里随意探索，在探索过程中会遇到郭靖、段誉、胡斐、韦小宝、令狐冲、石破天等武侠人物，踏足少林寺、桃花岛、青城派、全真教、黎山洞等武侠胜地，学会神奇武功，不断打怪升级。

这款游戏有许多攻略，其中之一是在桃花岛上进入桃林的小诀窍。具体方法是：从左向右敲击桃树，依次在第一棵树、第二棵树、第三棵树、第五棵树、第八棵树的旁边敲下空格键，之后就能打开密道。

第一棵、第二棵、第三棵、第五棵、第八棵，树的序号对应阿拉伯数字1、2、3、5、8。请留意这组数字，因为它们所组成的数列其实是一个在数学、经济学和生物学领域都非常有名的数列——斐波那契数列。

斐波那契数列是意大利数学家莱昂纳多·斐波那契（Leonardo Fibonacci）提出来的，此人在公元13世纪就已成名。他所提出的斐波那契数列简单表述就是：

从第三个数开始，每个数都是前两个数的和。

比方说，第一个数是 1，第二个数是 1，那么第三个数就是 1 和 1 相加得到的 2，第四个数就是 1 和 2 相加得到的 3，第五个数是 2 和 3 相加得到的 5，第六个数是 3 和 5 相加得到的 8，第七个数是 5 和 8 相加得到的 13，第八个数就是8 和 13 相加得到的 21，依此类推下去。

1、1、2、3、5、8、13、21、34、55、89、144、233、377、610……这样一组数字，就构成了斐波那契数列。很明显，斐波那契数列是那种增长很快的数列，前面几个数字看起来并不起眼，后面的数字会越变越大，比如，第十个数还是 55，第五十个数已经是 12586269025，到第一百个数时，已经增长到了惊人的354224848179261915075！

我们可以写一个自定义函数，算出斐波那契数列的任意一项数字：

```python
    ''' 斐波那契数列
    输入参数 n，得到斐波那契数列的第 n 项 '''
def FibonacciSequence(n):
    # 如果 n 小于 1，吐出空值
    if n < 1:
        return None
    # 如果 n 为 1 或 2，则吐出 1（斐波那契数列的前两项都是 1）
    elif n == 1 or n == 2:
        return 1
     # 如果 n 大于 2，则用 for 循环迭代求和前面相邻的两项，得出后面各项
    else:
        f1 = f2 = 1
        for i in range(3,n+1):
            fn = f1+f2
            f1 = f2
            f2 = fn
    return fn
```

以上代码清晰易懂，唯一的难点是 for 循环中的迭代求和部分。我们把这个部分单独拿出来，仔细进行分析：

```
f1 = f2 = 1
for i in range(3,n+1):
    fn = f1+f2
    f1 = f2
    f2 = fn
```

"f1"和"f2"分别代表斐波那契数列第 n 项前面的相邻两项，进入循环之前，先赋值为 1。

"for i in range(3,n+1)"，意即让变量 i 在从 3 到 n 的范围内依次取值。

"fn = f1+f2"，意即创建变量"fn"，代表斐波那契数列的第 n 项，让它等于"f1+f2"。

比如说，输入的参数是 3，那么"f3 = f1+f2" = 1+1 = 2。

如果实参是 4，那么 for 循环先算出"f3"的值，也就是 2，再将 2 赋值给"f2"，然后让"f1"和"f2"相加，得到 3，赋值给"f4"，结果为 3。

如果实参是 5，for 循环仍然先算出"f3"的值，再算出"f4"的值，再将这两个值赋给"f1"和"f2"，然后让"f1"和"f2"相加，使"f5 = f1+f2" = 2+3 = 5，结果"f5"的值为 5……

如此这般循环计算，迭代相加，不断更新"f1"和"f2"的值，就能得出任意一项的值。

现在再写一个 for 循环，调用这个自定义函数，输出斐波那契数列的前 50 项：

```
for n in range(1,51):
    fn = FibonacciSequence(n)
    print('第'+str(n)+'项:',fn)
```

保存并运行，结果如下：

```
第 1 项:1
第 2 项:1
第 3 项:2
第 4 项:3
```

第 5 项 : 5

第 6 项 : 8

第 7 项 : 13

第 8 项 : 21

第 9 项 : 34

第 10 项 : 55

第 11 项 : 89

第 12 项 : 144

第 13 项 : 233

第 14 项 : 377

第 15 项 : 610

第 16 项 : 987

第 17 项 : 1597

第 18 项 : 2584

第 19 项 : 4181

第 20 项 : 6765

第 21 项 : 10946

第 22 项 : 17711

第 23 项 : 28657

第 24 项 : 46368

第 25 项 : 75025

第 26 项 : 121393

第 27 项 : 196418

第 28 项 : 317811

第 29 项 : 514229

第 30 项 : 832040

第 31 项 : 1346269

第 32 项 : 2178309

第 33 项 : 3524578

第 34 项 : 5702887

第 35 项 : 9227465

第 36 项 : 14930352

第 37 项 : 24157817

第 38 项 : 39088169

第 39 项 : 63245986

第 40 项 : 102334155

第 41 项 : 165580141

第 42 项 : 267914296

第 43 项：433494437
第 44 项：701408733
第 45 项：1134903170
第 46 项：1836311903
第 47 项：2971215073
第 48 项：4807526976
第 49 项：7778742049
第 50 项：12586269025

使用我们编写的这个 FibonacciSequence 函数，能够在半秒钟内算出斐波那契数列的第一千项、第一万项、第一百万项。它们都是吓人的大数字，比如，第一千项等于 43466557686937456435688527675040625802564660517371780402481 72908953655541794905189040387984007925516929592259308032263477520968962323987332247116164299644090653318793829896964992851600370447613779516 6849228875，第一万项是……算了，此处还是省略吧。至于第一百万项，在 A4 纸上用五号字打印出来，至少需要 30 页纸。

还有另一种编程方法，同样能得到斐波那契数列，需要的代码却少得多：

```python
''' 斐波那契数列
    以递归算法实现 '''
def rFibonacciSequence(n):
    # 如果参数 n 小于 1，吐出空值
    if n < 1:
        return None
    # 如果参数 n 为 1 或 2，吐出 1
    elif n == 1 or n == 2:
        return 1
    # 如果参数 n 大于 2，递归调用函数本身
    else:
        fn = rFibonacciSequence(n-1) + rFibonacciSequence(n-2)
        return fn
```

我给这个全新的自定义函数取名 rFibonacciSequence，其中 FibonacciSequence 仍然是斐波那契数列的英文写法，前面的 "r" 则是 recursion 的缩写，翻译成汉

语称为"递归"。

什么是递归呢？简单来说，就是让一个函数自己调用自己。当然，这个解释可能并不能让读者完全理解什么是递归，所以我们还是先来学习代码。

代码里最关键的一行，"fn = rFibonacciSequence(n-1)+rFibonacciSequence (n-2)"，意即斐波那契数列的第 n 项等于前面相邻两项的和，也就是第 $n-1$ 项与第 $n-2$ 项相加。

rFibonacciSequence 函数里这一行简单的代码，实际上是连续两次调用 rFibonacciSequence 函数。代码指定第 n 项等于第 $n-1$ 项加第 $n-2$ 项，计算机又是怎么知道第 $n-1$ 项和第 $n-2$ 项的具体值呢？它通过倒推计算得到的。

这个倒推法的详细过程是怎么样的呢？我们用最简单的实例来说明。假定输入的实参为 5，也就是求斐波那契数列的第五项，代码先让"f5 = f4+f3"，所以必须求出"f4"和"f3"。然后代码让"f4 = f3+f2"，又必须求出"f3"和"f2"。"f2"是多少？"elif n == 1 or n == 2，return 1"，这两行代码已经给"f1"和"f2"赋值为 1。现在，"f1"和"f2"的值已经指定，所以"f3 = f2+f1"= 1+1 = 2，"f3"的值也有了。然后"f4 = f3+f2"= 2+1 = 3，"f4"的值也有了。最后"f5 = f4+f3"= 3+2 = 5，求出了"f5"的值。

我来画一张图，将代码运行的整个过程具象化：

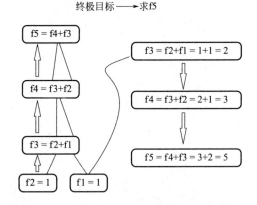

如果将计算机比作人类，上图左侧就是它的思考过程，右侧则是它的计算过

程。在思考过程中，计算机一层一层地传递参数，简称"递"；在计算过程中，计算机一层一层地归还函数值，简称"归"。这就是递归之所以被称为"递归"的原因。

　　递归的核心思想是八个字：大事化小，小事化了。而要想做到"小事化了"，就得在递归之前告诉计算机，"小事"在何时"化了"。在前面的代码中，我们必须告诉计算机"f1"和"f2"的值，否则递归过程将没有尽头，就如 while 循环那样陷入死循环。

消耗内力的递归

几乎所有学习斐波那契数列的读者在该学习过程中都要拿两个经典案例来练手，一个是递归，另一个则是阶乘。

阶乘是一个数学概念，一个数的阶乘就是小于等于它的正整数连续相乘。每一个正整数都有阶乘，1 的阶乘是 1，2 的阶乘是 2×1，3 的阶乘是 $3 \times 2 \times 1$，4 的阶乘是 $4 \times 3 \times 2 \times 1$，$n$ 的阶乘是 $n \times (n-1) \times (n-2) \times (n-3) \times \cdots \times 3 \times 2 \times 1$。另外，数学学科还有专门规定，0 也有阶乘，0 的阶乘是 1。

我们先用 for 循环写一个计算阶乘的自定义函数：

```
''' 用 for 循环算阶乘
    输入参数 n，吐出 n 的阶乘 '''
def factorial(n):
    # 如果 n 为小数，吐出空值
    if n < 0:
        return None
    # 如果 n 非整数，吐出空值
```

```
    elif isinstance(n,int) == False:
        return None
# 如果 n 为零，则阶乘为 1
    elif n == 0:
        return 1
# 如果 n 为正整数，则进入 for 循环，迭代相乘
    else:
        temp = 1            # 创建临时变量 temp，初始值为 1
        for i in range(2,n+1):
            result = temp * i
                            # 让临时变量乘以小于 n 的每个数
            temp = result# 将乘积赋值给临时变量
        return result    # 循环终止，吐出迭代乘积
```

也可以用 while 循环写一个功能相同的自定义函数：

```
''' 用 while 循环算阶乘
    输入参数 n，吐出 n 的阶乘 '''
def factorial(n):
    # 如果 n 为小数，吐出空值
    if n < 0:
        return None
    # 如果 n 非整数，吐出空值
    elif isinstance(n,int) == False:
        return None
    # 如果 n 为零，则阶乘为 1
    elif n == 0:
        return 1
    # 如果 n 为正整数，则进入 while 循环，迭代相乘
    else:
        temp = 1 # 创建临时变量 temp，初始值为 1
        i = 1      # 变量 i 代表迭代次数，初始值为 1
        while i <= n:
            result = temp * i
                        # 让临时变量乘以小于 n 的每个数
            temp = result# 将乘积赋值给临时变量
            i = i+1      # 将迭代次数增加一次
        return result    # 循环终止，吐出迭代乘积
```

　　假如不考虑用户调用函数时输入非正整数（零、小数、负数）的情形，那么以上两段代码就都可以在简化些，例如"while 循环算阶乘"这个函数可以简化成：

```
def factorial(n):
    temp = 1 # 创建临时变量 temp，初始值为 1
    i = 1    # 变量 i 代表迭代次数，初始值为 1
    while i < = n:
        result = temp * i # 让临时变量乘以小于 n 的每个数
        temp = result    # 将乘积赋值给临时变量
        i = i+1          # 将迭代次数增加一次
    return result        # 循环终止，吐出迭代乘积
```

　　简化后只剩 8 行代码。实际测试一下，完全可以准确计算任意正整数的阶乘：

```
>>> factorial(3)
6
>>> factorial(6)
720
>>> factorial(100)
9332621544394415268169923885626670049071596826438162146859296389521759
9999322991560894146397615651828625369792082722375825118521091686400000000
0000000000000000
```

　　但如果使用递归，代码将变得更加简短：

```
def rfactorial(n):
    if n == 0 or n == 1:
        return 1
    else:
        result = n * rfactorial(n-1)
        return result
```

　　当参数 n 为 0 或 1 时，规定阶乘为 1；当 n 大于 1 时，递归调用函数本身，让 n 乘以 n-1 的阶乘，并将递归结果赋值给变量"result"，最后"吐"出"result"。

我们甚至还能直接放弃这个"result"变量，直接"吐"出递归结果：

```
def rfactorial(n):
    if n == 0 or n == 1:
        return 1
    else:
        return n * rfactorial(n-1)
```

你看，现在只剩 5 行代码了。如此简短的递归函数，能正常运行吗？能给出正确结果吗？测试一下：

```
>>> rfactorial(3)
6
>>> rfactorial(6)
720
>>> rfactorial(100)
93326215443944152681699238856266700490715968264381621468592963895217599993229915608941463976156518286253697920827223758251185210916864000000000000000000000000
```

结果完全正确，并且运行速度飞快，感觉跟前面用循环结构迭代相乘的速度一样快。

可是，如果我们要计算一个较大数字的阶乘，递归函数就无能为力了。尝试输入 rfactorial(1000)、rfactorial(3000)、rfactorial(10000)、rfactorial(100000)，让这个递归函数输出 1000、3000、10000、100000 的阶乘。你猜怎么样？当输入 rfactorial(1000) 的时候，计算机吭哧吭哧地算上几秒钟，还能给出结果；一输入 rfactorial(3000)，计算机不但不进行计算，还给出一堆报错警告，都是红色的英文和数字，让人触目惊心。在那堆报错警告里，最关键的是末尾一句：

```
RecursionError: maximum recursion depth exceeded in
comparison
```

中文意思是，"递归错误：超过了最大的递归深度"。计算机为什么会给出这个警告？"递归深度"又是什么意思？

简单说就是，每一个递归函数都需要一层一层地调用它自己，每调用一次，都得占用内存的一小块空间（计算机术语称为"栈"）。你"投喂"给递归函数的实参越大，该函数占用的内存空间就越多，如果不加限制，很容易占去全部内存，让计算机陷入崩溃状态。

有没有解决办法呢？有。第一，你可以修改 Python 的标准库 sys，将程序默认的递归深度改大一些；第二，也可以优化递归函数，将每层递归的计算结果也作为参数，这样就能减少递归占用的内存空间。例如，把阶乘函数的递归写法改成这个样子：

```python
def rfactorial(n,result):
    if n == 0 or n == 1:
        return result
    else:
        return rfactorial(n-1,n*result)
```

调用这个优化过的递归函数时，需要输入两个实参，头一个参数"n"不变，后一个参数"result"必须输入 1：

```python
>>> rfactorial(3,1)   # 计算 3 的阶乘
6
>>> rfactorial(6,1)   # 计算 6 的阶乘
720
>>> rfactorial(100,1)  # 计算 100 的阶乘
93326215443944152681699238856266700490715968264381621468592963895217599993229915608941463976156518286253697920827223758251185210916864000000000000000000000000
```

再输入"rfactorial(3000,1)"就能求出 3000 的阶乘，计算机将不再报错。如果输入"rfactorial(10000,1)"呢？又将是一堆触目惊心的红色报错弹出。这说明优化后的递归函数仍然要占用大量内存，以至于到了计算机系统不能忍受的地步。更准确地说，不是计算机系统不能忍受，而是编程语言不能忍受。作为一门

成熟的编程语言，Python 不允许程序员无节制地使用递归。

使用递归必须克制，递归有明显的优势，即思路清晰、代码简短；递归也有明显的劣势，即占用内存、消耗空间。如果将递归比作武功，它就像郭靖所练的降龙十八掌，威力强大，但也会快速地消耗内力。所以，一个优秀程序员必须能够熟练地使用递归，同时又要慎用递归。

在本章结尾，我们再回顾一下函数的本质：从内置函数到自定义函数，从库函数到递归函数，所有函数都可被视为用来处理信息的盒子。这些"盒子"并不像饼干盒子或者存钱盒子那样看得见、摸得着，它们被储存在计算机里，它们处理信息的过程就是计算机系统做计算的过程。

所以，处理信息等同于计算，计算等同于处理信息。

我们必须重新理解"计算"，必须在脑海里努力拓宽这两个字的边界。所谓计算，绝对不仅仅是数学计算，更包括逻辑计算。"一加一等于二"是计算，"如果你打我，那么我就打回去"也是计算。广义上的计算，其实就是演化，即从输入状态到输出状态的演化。

在一个优秀程序员的脑子里，计算就是演化，计算过程就是演化过程，计算设备就是能够按照既定规则进行演化的物理系统，计算机就是既能存储信息又能存储演化规则，同时还能完成多种演化，最后又能输出演化结果的物理系统。

我们拥有种类繁多的计算工具，但只有少数几种能够被称为"计算机"。比如，我们的手指，能做简单的加减法，能给别人打手势、发暗号，但不能存储计算规则和计算结果，所以不是计算机；比如，算筹、算盘和计算尺，能做较为复杂的计算，能够存储计算结果，但不能存储计算规则，所以不是计算机；再比如，计算器，无论是过去那种老式的铁疙瘩一般的机械式计算器，还是现在小巧玲珑、自带屏幕的可编程计算器，都能存储计算规则，但它们只能完成数学计算这一种演化，所以也不是计算机；而我们的台式电脑、平板电脑、笔记本电脑、车载电脑、路由器、智能手机、智能玩具、数控机床以及那些耗费巨资打造的超级计算机，都能够存储多种计算规则、改变计算规则、完成多种计算，所以它们都是计算机。

计算机都是可编程的，我们学习的编程知识绝不仅仅用在家用电脑和超级计算机上面，同样也会被用在智能手机、智能玩具、数控机床、车载电脑、路由器和其他智能型的家用电器上面。事实上，当你读到这段文字的时候，这个世界上有数以万计的程序员正在给那些看起来不像计算机的计算机编写程序，让它们为人类做出更多和更有意义的贡献。

第五章
写出人人能用的程序

袁承志寻宝

　　普通人使用计算机，用鼠标的次数多，用键盘的次数少；尤其是那些被称为"电脑菜鸟"的入门级用户，假如没有鼠标，关机都关不掉。当然，这不能怪用户，因为现在绝大多数人使用的操作系统都是视窗型的，电脑上安装的绝大多数软件也是视窗型的。什么叫"视窗型"？就是有一个看得见的窗口，窗口上有各种各样的按钮，用鼠标点击按钮，就能完成操作，不必输入命令，更不必输入代码。

　　本书前几章，编写的程序就没有窗口，需要用键盘输入相应的命令，它们不是视窗型程序，而是命令行程序。对广大不懂编程和不熟悉命令行操作方式的用户来讲，这样的程序是很难使用的，也是很不友好的。

　　说实话，将对用户不友好的命令行程序改成简单易用的视窗型程序，并不是Python 的长项，更不是 C 语言的长项，而是 VB、VB.net、Delphi 等语言的长项。编写网页上的视窗型程序，则是 Java 的长项；Java 有许多成熟而强大的半成品框架，能够随时做出 web 视窗。但 Python 发展到今天，还是发展出了一些相对好用的库函数，可以帮我们编写出视窗型程序。本节先介绍一个最简单的视窗库函数——Easygui。

我们先了解一下 EasyGUI 这个名称：Easy 意即"容易"，GUI 是 Graphical User Interface（图形用户界面）的缩写。作为 Python 的标准库，EasyGUI 无须安装，导入即可使用，而它的主要功能，就是让程序员能迅速写出非常简单的弹窗对话框。让我们用解释器体验一下：

```
>>> import easygui
>>> easygui.msgbox('你好，武侠编程')
```

一个消息对话框弹了出来：

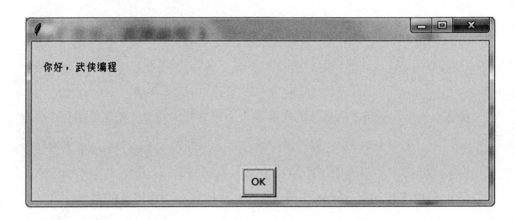

点击"OK"，关掉这个消息对话框，扩充 easygui.msgbox() 的参数：

```
>>> easygui.msgbox(msg = '你好，武侠编程',title = '第一
个消息框',ok_button = '点这里，点这里')
```

很明显，msgbox 是 EasyGUI 里专门用于生成消息对话框的函数。该函数可以输入多个参数，其中 msg 参数指定消息框的提示内容，title 参数指定消息框的标题，ok_button 参数指定按钮上显示的文本。点击回车键，消息框如下：

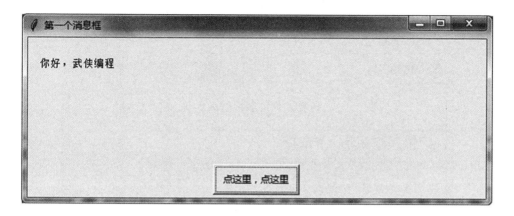

EasyGUI 另一个常用对话框是 buttonbox，可称为"命令按钮对话框"，它也有 msg 参数和 title 参数，同时还能在对话框中生成多个按钮，供用户选择：

```
>>> easygui.buttonbox(msg = '选出你最喜欢的一个武侠人物',title = '选择武侠人物',choices = ('郭靖','乔峰','黄蓉','小龙女','杨过','令狐冲'))
```

点击回车键，屏幕上将出现这样一个对话框：

enterbox 也是编写简易视窗型程序时相对常用的对话框，我们称其为"输入框"。顾名思义，用户可以通过这个对话框输入一句话或者一堆数字：

```
>>> easygui.enterbox(msg = '请输入你最想说的话:',title = '你的输入框',default = '这里是默认输入的内容')
```

运行这行代码，弹出如下对话框：

EasyGUI 共有 20 多个函数，对应 20 多种对话框，如需全部了解，可去查阅如《Python 参考手册》之类的工具书，或者进入 Python 解释器的帮助模式，查阅你想了解的任意函数。

怎样进入帮助模式呢？非常简单，在解释器中输入 "help()" 即可：

```
>>> help()      # 进入帮助模式
```

点击回车键，屏幕上会出现一大堆蓝色英文单词，指示你进一步输入想要了解的函数名称、模块名称或者关键字名称。比如，你想了解 EasyGUI 的整体功能，那就输入 "easygui"；想了解 EasyGUI 里的 msgbox 函数，那就输入 "easgui. msgbox"；如果想从帮助模式里退出来呢？输入 "quit"。

```
help> easygui.msgbox    # 在帮助模式下查阅 msgbox 的使用说明
Help on function msgbox in easygui:

easygui.msgbox = msgbox(msg = '(Your message goes here) ',
title = ' ', ok_button = 'OK', image = None, root = None)
    The ''msgbox()'' function displays a text message
and offers an OK
    button. The message text appears in the center of
the window, the title
    text appears in the title bar, and you can replace
the "OK" default text
```

```
        on the button. Here is the signature::

            def msgbox(msg = "(Your message goes here)",
title = "", ok_button = "OK"):
                ....

        The clearest way to override the button text is
to do it with a keyword
    argument, like this::

            easygui.msgbox("Backup complete!", ok_button =
"Good job!")

        Here are a couple of examples::

            easygui.msgbox("Hello, world!")

        :param str msg: the msg to be displayed
        :param str title: the window title
        :param str ok_button: text to show in the button
        :param str image: Filename of image to display
        :param tk_widget root: Top-level Tk widget
        :return: the text of the ok_button

    help> quit     # 输入 quit 可退出帮助模式
```

在帮助模式下，你能轻松查到每个函数、每个模块、每个关键字的详尽说明。

闲言少叙，下面我们编写一个名叫"袁承志寻宝"的弹窗程序，试试 EasyGUI 的实际作用。

《碧血剑》第三回中，袁承志无意中闯入"金蛇郎君"夏雪宜（以下称"金蛇郎君"）的藏身密洞，先在石壁上看到一行字："重宝秘术，付与有缘，入我门来，遇祸莫怨。"他继续往里闯，发现一只大铁盒，盒中纸笺写道："务须先葬我骸骨，方可启盒，要紧要紧。"他遵照这条命令，埋葬金蛇郎君的遗骸，结果却挖出一只小铁盒，盒中纸笺写的是："君是忠厚仁者，葬我骸骨，当酬以重宝秘术。大铁盒开启时有毒箭射出，盒中书谱地图均假，上有剧毒，以惩贪欲恶徒。真者在此小铁盒内。"

假如袁承志读到石壁上的文字以后立刻退出，那就不会有危险，但也不会得到宝物；假如他发现大铁盒后，直接打开盒子，而不去埋葬金蛇郎君，那他一定会被毒箭射死。

理清上述逻辑，我们可以用 EasyGUI 模拟出金蛇郎君的设计和袁承志的策略：

```python
# 导入标准库 easygui
import easygui as e

# 袁承志看到石壁文字，做出第一个选择：是否继续往里闯
choice1 = e.buttonbox(msg ='重宝秘术，付与有缘，入我门来，
遇祸莫怨。',
                        title = '山洞石壁上的警示',
                        choices = ('继续闯入', '退出山洞'))

if choice1 == '退出山洞':
    e.msgbox(msg = '你不会遇到危险，但也得不到宝物',
          title = '好走不送')
else:
    e.msgbox(msg = '宝藏和危机都在前方等你',
          title = '一路当心')

# 袁承志发现大铁盒，做出第二个选择：是否先埋葬金蛇郎君
if choice1 == '继续闯入':
    choice2 = e.buttonbox(msg = '务须先葬我骸骨，方可启盒，
要紧要紧。',
                          title = '大铁盒里的纸笺',
                          choices = ('先安葬遗骸', '先打开
铁盒'))
    if choice2 == '先打开铁盒':
        e.msgbox(msg = '很遗憾，你将死在毒箭之下',
              title = '毒箭射出')
```

```
        else:
            e.msgbox(msg = '恭喜你，年轻人，我送你一只小铁盒，
内面有宝贝哦！',
                    title = '送你宝贝')


    # 假定小铁盒有密码，袁承志输入正确的密码，才能开启此盒
    global run      # 创建布尔型变量 run，声明其为全局变量
    run = False      # 设定 run 的初始值为 False
    if choice1 == '继续闯入' and choice2 == '先安葬遗骸':
        run = True   # 修改 run 的值，使其为 True
        key = '芝麻开门'

    while run == True:
        password = e.enterbox(msg = '请输入密码：',
                              title = '密码输入框')
        if password == key:
            e.msgbox(msg = '小铁盒开启成功！')
            run = False
        else:
            e.msgbox(msg = '密码不对，请继续输入')
```

这些代码用到了 easygui 的 msgbox、buttonbox 和 enterbox，其中 buttonbox 让袁承志做选择，msgbox 报出各种选择所带来的后果，最后的 enterbox 让他输入开启小铁盒的密码——这里假定开启铁盒需要密码，并假设密码就是"芝麻开门"。

请注意输入参数的方式：代码中 buttonbox、enterbox 和 msgbox 至少都有两个参数，而为了避免同一行代码太过臃肿，我直接将各个参数分行输入。强行将一行长代码分成几行，是 Python、Java、C++ 等多种编程语言所允许的，能让代码看上去更清晰。不过，分行时千万不要将同一个参数分开，更不要将同一个变量分开，因为编译器无法识别。

还要注意后半段的一行代码：

```
global run
```

global 是 Python 关键字，其功能是"声明某某变量为全局变量"。

本来 Python 环境下的变量都是动态变量，可以自动创建，并能随时修改，使用变量之前，不需要像其他编程语言那样声明变量类型。但也正因为如此，Python 变量的活动范围较窄，只能在同一个函数或者同一个模块内部起作用，单独出现就没人认识了。那么，怎样才能让一个变量从头到尾都起作用呢？用 global 声明一下，"global run"，意即 run 成了全局变量，然后它就能在后面的判断结构和循环结构里起作用了。

运行程序，计算机系统先弹出一个命令按钮窗口：

如果袁承志点击"退出山洞"，则弹出消息框，然后程序结束。

如果点击"继续闯入"，会弹出另一个消息框：

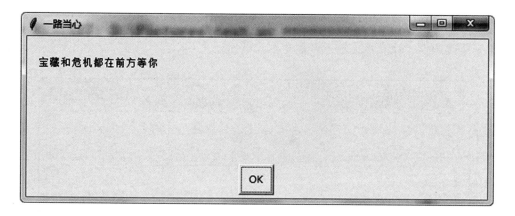

点击"OK",程序继续运行,又弹出一个命令按钮窗口:

点击"先打开铁盒",则毒箭射出,程序结束。

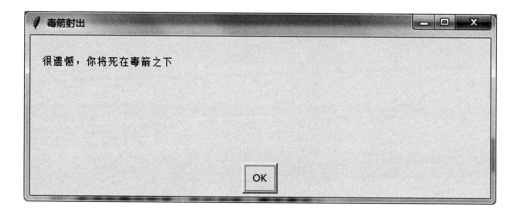

　　若选择"先安葬遗骸"，程序继续运行，弹出消息框"送你宝贝"，紧接着弹出密码输入框，让袁承志输入开启小铁盒的密码。

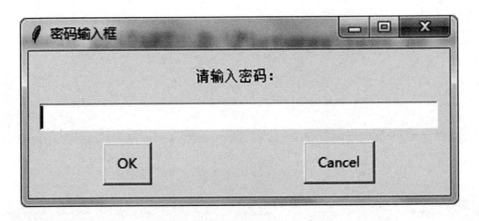

　　输入"芝麻开门"，则程序结束，否则 while 循环将一直运行，反复弹出密码输入框，直到袁承志输入正确密码。

寻宝升级

这个弹窗程序"袁承志寻宝"有趣吗？恐怕谈不上有趣。几个对话框弹来弹去，不点关不掉，点了又弹出其他对话框，就像那些垃圾网站的弹窗广告，正常人哪会喜欢这样的程序！

所以，我们决定弃用 EasyGUI，改用另一款视窗标准库——Tkinter。

Tkinter？名字好古怪。这款标准库得名于一组单词：tk，为 tool command language kit（工具命令语言工具箱）的缩写；inter，为 interface（界面）的缩写。将这两个缩写组合起来，即为 Tkinter，意即工具控制界面。

Tkinter 的功能不算强大，适合编写使用单一窗口的简易视窗型软件，诸如计算器、电子钟、电子日记、电子便签、聊天工具之类的小程序。很多程序员并不重视 Tkinter，他们更为认可的视窗工具包是 PyQt、PyGTK、wxPython、Electron、wxWidgets。然而，后面这些工具包全是数据量庞大的三方库，需要用 shell 命令下载安装，需要配置环境变量，甚至还要搭配 Pycharm 等集成开发平台才能正常使用。Tkinter 呢？原本就是 Python 安装包里开发得较为成熟的标准库，使用时直接导入（import）就行了。

也就是说，Tkinter 不是功能丰富的视窗库，但却是立等可取的工具箱，最适合初学者练手。若是让初学编程的小伙伴去学 PyQt，光是下载、安装和配置就得耗上大半天，把初学者整得晕头转向、兴趣全无，可能还没入门就决定放弃了。

另外，Tkinter 虽说功能不多，但一样能开发出漂亮的视窗型软件。举一个最有说服力的例子：我们一直用来学习和测试各种编程技术的 Python 解释器，其实就是用 Tkinter 开发出来的。

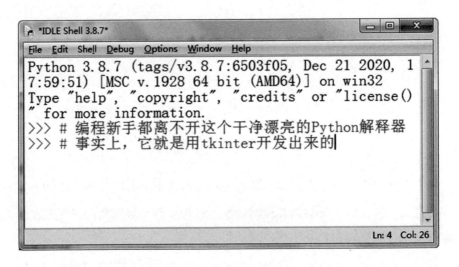

来吧，继续打开解释器，试试 Tkinter 所具备的一些的小功能吧：

```
>>> import tkinter as tk   # 导入视窗标准库 tkinter,
改名为 tk
>>> window = tk.Tk()        # 创建窗口，用变量 window 表示
>>> window.title(' 袁承志寻宝 ')   # 将窗口标题命名为 "袁
承志寻宝"
>>> window.geometry('400x200')   # 设置窗口尺寸：宽 400 像素,
高 200 像素
```

从输入第二行代码 "window = tk.Tk()" 开始，屏幕左上就会跳出一个白底蓝框的空白窗口。然后第三行代码会确定窗口标题，第四行代码确定窗口尺寸，于

是那个空白窗口就变成这个样子：

不要关掉它，继续在解释器里扩充代码，让这个空白窗口里出现一些我们想要的内容。

```
>>> msg = '重宝秘术，付与有缘，入我门来，遇祸莫怨。'
>>> warning = tk.Label(window,text = msg,
                       font = ('Times', 13, 'bold italic'))
>>> warning.grid(row = 3,column = 0,sticky = 'w',padx
= 10,pady = 5)

>>> button_quit = tk.Button(window,
                       text = '退出任务',
                       font = ('Times', 14))
>>> button_quit.grid(row = 6,column = 0,sticky =
's',padx = 10, pady = 5)
```

从"msg"到"warning.grid"，前三行代码在窗口内部产生一个文本标签，标签内容正是金蛇郎君刻在山洞石壁上的那句警示。从"button_quit"到"button_quit.grid"，后两行代码会让文本标签下面生成一个命令按钮，按钮为"退出任务"。

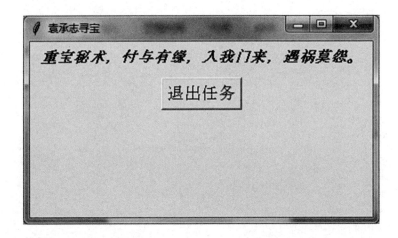

点击"退出任务"，嗯？为什么没反应呢？因为我们还没有给这个按钮编写对应的任务函数。用 Tkinter 和其他视窗库函数开发视窗型程序的一大要点就是：须给所有命令按钮设计和编写任务函数，并指定每个按钮分别调用哪个函数，否则按钮就只是摆设。

既然是"退出任务"按钮，那就给它编写一个负责关闭窗口的自定义函数：

```
>>> def quit():
    window.quit
```

修改"button_quit"按钮，让它调用 quit 函数：

```
>>> button_quit = tk.Button(window,
                            text = '退出任务',
                            font = ('Times', 14)
                            command=quit())
```

再点击"退出任务"，窗口顺利关闭了。

重新调出主窗口，重新设置窗口标题，往窗口里放入一个按钮和一个文本输入框：

```
>>> window = tk.Tk()
>>> window.title('袁承志寻宝')
>>> button = tk.Button(window,text = '输入密码')
```

```
>>> button.pack()
>>> entry = tk.Entry(window)
>>> entry.place(x = 30,y = 60)
```

主窗口相当于一个容器，而按钮、菜单、标签、输入框等工具都要放入这个容器，用 grid 方法、pack 方法或者 place 方法显示出来。在本小节我们用 pack 方法显示按钮 button，用 place 方法显示输入框 entry，让按钮居中显示，让输入框显示在按钮下面。看下面这个窗口，就是这个效果：

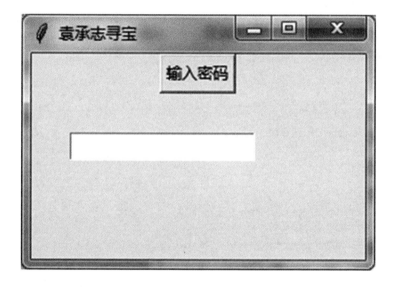

如果想让按钮消失，输入代码"button.forget()"；想让输入框消失，输入代码"entry.forget()"。如果想让按钮执行某项任务，则可以编写一个对应的任务函数。

简单了解过 Tkinter 的使用方法，我们切换到编辑器，重新编写名为"袁承志寻宝"的视窗型程序。编程思路是这样的：

先让主窗口上显示金蛇郎君留在山洞石壁上的那句警示："重宝秘术，付与有缘，入我门来，遇祸莫怨。"警示下面有两个按钮，一个是"退出山洞"，一个是"继续闯入"。

点击"退出山洞"，则窗口关闭，程序结束；点击"继续闯入"，则警示变成"务须先葬我骸骨，方可启盒，要紧要紧"；同时两个按钮上的文字分别变成"先安葬遗骸"和"先打开铁盒"。

　　点击"先打开铁盒"，弹出消息框："很遗憾，你将死在毒箭之下！"然后程序结束。

　　点击"先安葬遗骸"，弹出消息框："恭喜你，年轻人，我送你一只小铁盒，内面有宝贝哦！"然后出现输入框，要求输入开启小铁盒的密码。当输入"芝麻开门"时，弹出消息框："小铁盒开启成功！"

```python
# 导入标准库 tkinter，命名为 tk
import tkinter as tk
# 导入消息框
from tkinter import messagebox

# 退出山洞
def quit():
    window.quit()

# 继续闯入
def go():
    new_msg = '务须先葬我骸骨，方可启盒，要紧要紧'
    text.forget()
    new_text = tk.Label(window,text = new_msg,
                font = ('Times', 13, 'bold italic'))
    new_text.place(x = 20,y = 20)

# 先打开铁盒
def openbox():
    tk.messagebox.showinfo(message = '很遗憾，你将死在毒
箭之下！')
    quit()

# 先安葬遗骸
def bury():
    tk.messagebox.showinfo(message = '恭喜你，年轻人，我
送你一只小铁盒，内面有宝贝哦！')

# 输入密码开铁盒
```

```python
def input_password(password):
    if password == '芝麻开门':
        tk.messagebox.showinfo(message = '小铁盒开启成功！')
    else:
        tk.messagebox.showinfo(message = '密码不对，请重试')


# 创建主窗口
window = tk.Tk()
window.title('袁承志寻宝')
# 设置窗口大小：宽 400 像素，高 200 像素
window.geometry('400x200')
# 修改窗口左上角的羽毛图标，换成袁承志的动漫画像
window.iconbitmap(r'D:\武侠编程\编程\yuan_chengzhi.
ico')


# 文本标签
msg = '重宝秘术，付与有缘，入我门来，遇祸莫怨。'
text = tk.Label(window,text = msg,
                font = ('Times', 13, 'bold italic'))
text.place(x = 20,y = 20)


# "退出山洞"按钮
button_quit = tk.Button(window,
                        text = '退出山洞',
                        font = ('Times', 13),
                        command = quit())
button_quit.place(x = 60,y = 120)


# "继续闯入"按钮
button_go = tk.Button(window,
                      text = '继续闯入',
                      font = ('Times', 13),
                      command = go())
button_go.place(x = 260,y = 120)

# 密码输入框
entry_usr_pwd = tk.Entry(window, input_password (password))
entry_usr_pwd.place(x = 160, y = 190)
```

```
# 开启事件主循环
window.mainloop()
```

运行程序，窗口、标签、按钮皆出现，点击"继续闯入"，一步步完成探险。

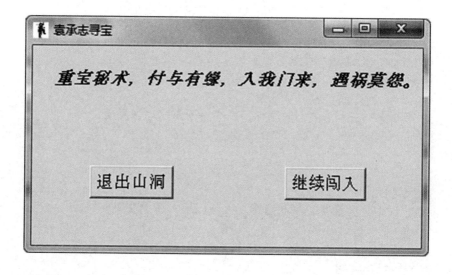

温度转换器

视窗型程序"袁承志寻宝"只是对武侠小说中某一段情节的模拟，没有实用价值，下面我们写一个有实用价值的视窗型程序——温度转换器。

中国人习惯使用摄氏度，而美国人习惯使用华氏度，这两种温度的换算公式是：

华氏度 = 32+ 摄氏度 ×1.8

摄氏度 = (华氏度 -32)÷1.8

现在要编写一个程序，将华氏度自动转换成摄氏度。用命令行编写，非常简单，自定义一个转换函数，调用即可：

```
# 自定义函数 F_to_C，将华氏度转换成摄氏度
def F_to_C(fahrenheit):
  # 摄氏度 = ( 华氏度 - 32° F )÷1.8
  if isinstance(fahrenheit,float) == False:
    return None
```

```
    else:
        celsius = (fahrenheit-32) / 1.8
        return round(celsius,2)

# 循环调用转换函数，直到输入"停"
run = True
while run == True:
    fahrenheit = input('输入华氏度（输入"停"，程序结束）:')
    if fahrenheit == '停':
        run = False
    else:
        fahrenheit = float(fahrenheit)
        result = F_to_C(fahrenheit)
        print('相当于',result, '摄氏度')
```

代码简短、易懂，但只能用命令行操作：

```
输入华氏度（输入"停"，程序结束）:100.8
相当于 38.22 摄氏度
输入华氏度（输入"停"，程序结束）:36
相当于 2.22 摄氏度
输入华氏度（输入"停"，程序结束）:78
相当于 25.56 摄氏度
输入华氏度（输入"停"，程序结束）:停
```

如果改成视窗型程序，就会变得人人皆可使用。怎么改呢？我们需要一个窗体，窗体里放一个温度转换按钮、两个文本输入框（一个存放华氏度，另一个存放摄氏度）、两个温度标签。当然，还要给温度转换按钮编写一个对应的换算函数。

编写代码如下：

```
# 导入 tkinter 的全部工具
from tkinter import *

# 温度转换函数
def F_to_C():
    a = float(entry1.get()) # 获取文本框 1 的数据
    if label1['text'] == '华氏度':
```

```
        b = (a-32)/1.8      # 华氏度 = ( 摄氏度 -32)/1.8
        b = round(b,2)      # 保留两位小数
    else:
        b = a*1.8+32        # 摄氏度 = 华氏度 *1.8+32
        b = round(b,2)      # 保留两位小数

    entry2.delete(0,END)    # 清空文本框 2 中的数据
    entry2.insert(END,b)    # 插入计算结果

# 初始化主窗体
window = Tk()
window.title(' 温度转换器 ')

# 在窗体中放入温度标签
label1 = Label(window,text = ' 华氏度 ')
label1.grid(padx = 10,pady = (10,0))
label2 = Label(window,text = ' 摄氏度 ')
label2.grid(row = 0,column = 2,padx = 10,pady = (10,0))

# 在窗体中放入温度转换按钮，调用转换函数 F_to_C
button = Button(window,text = '转换',relief = 'groove',cursor
= 'hand2',command = F_to_C)
button.grid(row = 1,column = 1)

# 在窗体中放入输入框
entry1 = Entry(window)
entry1.grid(row = 1,column = 0,padx = 20,pady = 20)
entry2 = Entry(window)
entry2.grid(row = 1,column = 2,padx = 20,pady = 20)

# 开启事件主循环
window.mainloop()
```

运行代码，一个小巧玲珑的单窗体程序就出现在屏幕上了。在左边文本框里输入华氏度，点击"转换"按钮，换算好的摄氏度就显示在右边文本框里。

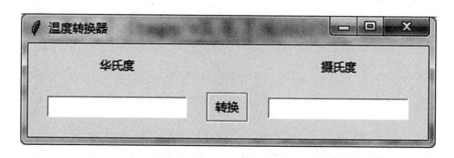

窗体左上角有一支羽毛，这是 Python 视窗库的默认图标，可以修改成我们想要的图标，比如说，一支温度计。

怎么改？需要先制作温度计图标，并将该图标文件存放到指定目录下。图标文件与源代码 .py 文件最好放在同一目录里，便于随时修改和后期发布。

我已经制作出了温度计图标，取名 themometer.ico，存在 D 盘的"武侠编程"文件夹下。现在，重新编辑源代码，在"初始化主窗体"模块的末尾补充一行：

```
window.iconbitmap(r'D:\武侠编程\编程\themometer.ico')
```

保存该文件并运行之，窗口左上角的羽毛果然变成了温度计：

但是，这样的程序只能在装有 Python 的电脑上运行，假如你把 .py 文件发送给朋友，而朋友的电脑上没有装 Python，那该怎么办呢？

解决方法是，用打包工具将 .py 文件和配置文件（例如那个小小的图标文档）一起打包，把温度转换器变成一个不需要依赖 Python 开发环境就能在操作系统上独立运行的可执行程序。

Python 有多个打包工具，目前比较好用的是一个被称为 Pyinstaller 的三方库。

既然是三方库，那就得用 shell 命令下载安装。

还记得在 windows 操作系统下怎么下载安装三方库吗？打开 cmd，输入"pip install 三方库名称"，确保电脑处于联网状态以及输入的三方库名称正确，一会儿就安装好了。

所以，在 cmd 输入命令 pip install pyinstaller。大约两分钟过后，cmd 给出提示：Successfully installed ***pyintaller***（** 代表当前版本编号）。此提示即表明，pyintaller 的最新版本已经完成下载并成功安装。

它被安装到哪里了呢？打开 C 盘或 D 盘，找到你的 Python 安装目录，寻找 lib 文件夹，在 lib 下找到 site-packages 文件夹，在 site-packages 下又有一个 PyInstaller 文件夹，那就是 pyinstaller 的默认安装位置。查看大小，PyInstaller 文件夹不到 10M，里面却有几百个 .py 文件。

pyinstaller 有没有安装失败的可能呢？当然有。这种情况有两种原因：一是最初安装 Python 时没有配置环境变量，二是你的 Python 版本太老旧，跟 pyinstaller 的版本不匹配。如果是前一种原因，请重新配置环境变量；如果是后一种原因，请卸载 Python，再去 Python 官网下载最新的版本。如果你忘了怎么安装 Python 和怎么配置环境变量，请参考本书第二章中的"给你的电脑装上 Python"一节。

现在，假定你已经装好了 pyinstaller，我们就用这个完全免费的三方库，将温度转换器打包成可独立运行的软件。详细步骤如下。

第一步，将保存的 .py 文件"温度转换器 .py"和图标文件"themometer.ico"存放到同一目录下，例如 D:\ 临时文档 \；

第二步，再次进入 cmd，用 cd 命令切换到 D:\ 临时文档 \；

第三步，输入命令"pyinstaller -F -W 温度转换器 .py"，点击回车键运行程序。

几分钟后，cmd 将给出提示："Buiding EXE from EXE-00.toc completed sucessfuly"。

退出 cmd，查看 D:\ 临时文档 \，多出两个文件夹：build 和 dist。打开 dist，里面有一个"温度转换器 .exe"，这是一个能脱离开发环境而独立运行的小软件。

这个软件有将近 10M 的大小；再加上 build 里那一堆配置文件，总计超过 20M。我们知道，1M 等于 1024K，20M 就是 20480K。

可是再看源文件"温度转换器 .py"的大小，只有 1K，图标文件"themometer.ico"也只有 3K 或 4K 的大小。怎么打包成可执行程序，文件大小就突然比原来多出来几千倍呢？

因为我们在编写源文件时，导入了整个 Tkinter 库，而 Tkinter 库又自动调用了一些标准库。这样一来，打包出来的可执行程序不仅较大，而且运行速度也会不够快。

这就是借用库函数开发软件的特色。好处是不用编写非常烦琐的代码；坏处是开发出来的软件比较臃肿，运行速度比较慢。要想减少程序员的工作量，那就须增加计算机的工作量，鱼和熊掌不可兼得。

让现在的程序员普遍感到幸运的是，计算机的存储容量越来越大，处理速度越来越快，除非是开发操作系统和系统级别的工具软件，否则不必担心容量和速度的问题。

我们编写的温度转换器非常简单，只有一个 .py 文件。用 pyinstaller 打包这样的小程序，可输入命令"pyinstaller -F -W 文件名 .py"，也可以输入"pyinstaller-F 文件名 .py"。其中，-F 和 -W 被称为"命令参数"，F 是 file（文件）的缩写，-F 用来打包指定的 .py 文件；W 是 window（窗体）的缩写，-W 将指定的 .py 文件打包成完全脱离命令行的视窗软件。如果编写一个大程序，.py 文件会多达几十个、几百个甚至上千个，所以必须将这些文件存放到同一个目录下，并用"pyinstaller -D 目录名"这样的命令来打包。

pyinstaller 还有其他命令参数，例如 -i，它能替换掉 Python 默认提供的那个陈旧的软盘图标，给软件指定一个漂亮的个性化图标。命令格式如下：

```
pyinstaller -i 图标文件名 -W py 文件名
```

仍以温度转换器为例，我在 cmd 里输入这条命令：

```
pyinstaller -i themometer.ico -W 温度转换器 .py
```

pyinstaller 重新进行打包，这次生成的软件图标变成了温度计造型：

温度转换器

双击温度计图标，打开温度转换器，输入华氏度，软件将其转换成摄氏度。好了，到此就大功告成！

什么是"面向对象"？

前面说过，开发视窗软件不是 Python 的优势，而是 VB 和 Delphi 的长项。

用 VB 开发一个温度转换器，比 Python 容易太多了。不用导入 Tkinter，也不用导入其他视窗库；不用编写 Tk、Button、Label、Entry 等函数，也不用调取 pack、grid、place、geometry 等方法；直接创建新窗体，直接打开工具箱，直接用鼠标把自己需要的按钮、标签、文本框等控件拖到窗体上，直接用鼠标拖曳窗体的位置和尺寸，直接用鼠标调整控件的位置和大小，直接在属性栏里设置窗体标题和控件标题，直接用鼠标双击其中几个功能性的控件，就可分别为它们编写几行功能性的代码，直接在菜单栏里选择"外接程序"，根据"打包向导"轻松操作，一个单窗体可执行温度转换器就可以横空出世。

我们常用的 Word、Excel、PowerPoint 等微软办公软件的完整安装版本都自带 VB 开发工具包，都能通过最简单的操作开发出不太复杂的视窗型程序。下图是我在 Word 文档中打开 VB 工具包，编写温度转换器的中间过程。你试过一遍就知道，窗体和控件几乎全是用鼠标"画"出来的，非常简单。

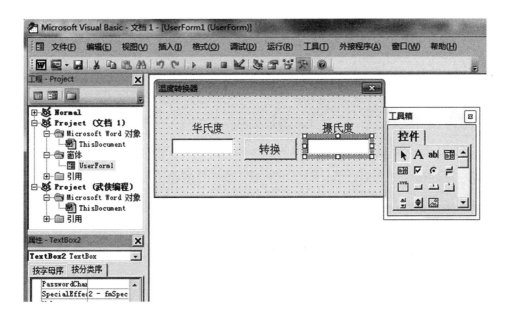

　　然而，VB 并没有真正流行起来，如今已乏人问津。既然用 VB 开发视窗软件如此简单，手机和电脑上安装的应用软件又以视窗软件为主，那 VB 理应更加流行才对，为什么会乏人问津呢？

　　最致命的原因是，VB 开发的软件不能"跨平台"运行。用 VB 开发的软件，适合在 Windows 系统里运行，却不适合在 Unix 系统、Linux 系统、Mac 系统以及安卓手机和苹果手机里运行。如今，各种服务器级别的大型计算机和计算机群要么使用 Unix 系统，Linux 系统，要么使用 Linux 系统的某个方言版本（例如 RedHat、Debian、SUSE、Gentoo），而程序员高手们又天天在 Unix 和 Linux 系统上编写代码，所以只在 Windows 系统里才能体现出简单易用的 VB 语言很快就被市场淘汰了。

　　VB 是一门面向对象的编程语言，但给控件写代码绝对不是面向对象。我的计算机编程老师当年把窗体叫作"窗体对象"，把按钮叫作"按钮对象"，这也没什么错，但面向对象编程的所谓"对象"，指的并不是哪个窗体或者哪个按钮，虽然说窗体和按钮远比代码更为具象，看起来更像"对象"。

在软件开发领域,"面向对象"这四个字的地位,不亚于"内功"一词在武侠世界的地位。武侠世界分为少林、武当、峨眉、昆仑、青城、崆峒等诸多门派;软件开发领域却只有两大门派,一个是"面向对象"派,另一个是"面向过程"派。当我们懂得了什么是面向过程,就能理解什么是面向对象。

来想象一个典型的武侠场景:

少林派俗家弟子张三,攻击武当派俗家弟子李四,李四的妻子翠花帮助丈夫抵挡攻击。张三的武器是刀,李四的武器是剑,翠花的武器是弹弓。张三提刀劈李四,李四横剑封刀势,翠花斜刺里杀出,用弹弓射出一枚铁菩提,向张三脑门射去。结局如何,首先取决于翠花能否射中张三,其次取决于李四的战斗力是否胜过张三。

怎样用编程语言模拟上述场景呢?面向过程的伪代码是这样的:

```
张三提刀劈李四
李四横剑封刀势
翠花用弹弓射张三
if 翠花射中张三 :
    翠花和李四赢
    张三败
else:
    if 李四的战斗力 >= 张三的战斗力 :
        翠花和李四赢
        张三败
    else:
    翠花和李四败
    张三赢
```

伪代码并非真正的 Python 代码或 VB 代码,但是却能直观地展现编程思路:先用顺序结构描述张三攻击李四和李四夫妇还击的过程,再用一个双层嵌套的判断结构分析结局。

如果用面向对象的思路编程,代码会大不一样。

面向对象的程序员会从整个场景中跳出来,将所有武侠人物归纳为一个

"类"，将张三、李四、翠花等具体人物看成这个类的"实例"，将刀、剑、弹弓等武器看成每个实例的"属性"，将劈砍、招架、发射暗器等行为看成每个实例的"方法"，然后再让"实例"们调用各自的"属性"和"方法"，影响其他实例的"属性"和"方法"。

现在我用 Python 的语法格式写一段面向对象的伪代码，加上必要的代码注释，重新模拟张三和李四夫妇的厮杀场景：

```
# 创建 Master 类，代表所有武侠人物
class Master:
    # 初始化 Master 类的基本属性：名字、性别、武器、战斗力
    # self 代表具体的武侠人物
    def _init_(self, 名字, 性别, 武器, 战斗力):
        self.名字 = 名字
        self.性别 = 性别
        self.武器 = 武器
        self.战斗力 = 战斗力

    # 自定义 fight 函数，模拟武侠人物的战斗模式
    def fight(self):
        if 攻击敌人 or 被敌人攻击:
            调用 self.武器
            调用 self.战斗力
            比较敌方战斗力
            用数值形式向外界发送比较结果
        elif 队友被攻击:
            调用 self.武器
            检查是否击中
            用字符串向外界发送检查结果
        else:
            pass

# 自定义 enter 函数，输入数据，分析结局
def enter():
    # 将张三、李四、翠花作为 Master 类的实例，分别输入其属性
    ZhangSan = Master('张三', '男', '刀', 战斗力)
    LiSi = Master('李四', '男', '剑', 战斗力)
```

```
CuiHua = Master('翠花','女','弹弓',战斗力)

# 用判断结构分析结局
if CuiHua.fight() == '击中':
    翠花和李四赢
    张三败
else:
    if LiSi.fight() >= ZhangSan.fight():
        翠花和李四赢
        张三败
    else:
        翠花和李四败
        张三赢

# 设置主程序入口,指定程序从哪个代码块开始运行
if __name__ == '__main__':
    enter()
```

　　两段伪代码相比,面向过程的思路明显更直接,跟讲故事一样,将整个故事一股脑儿讲出来,人物也好,兵器也好,战斗过程也好,本质上都是平等的,都是故事的元素;面向对象的思路呢?思路比较抽象,看问题的角度比较超脱,根本不讲故事,而是把故事里的人物抽象成一个所谓的"类",把每个人物的名字、性别、兵器、武功等特征都归纳为"类"的"属性",再把人物之间的厮杀行为归纳为"类"的"方法",待整个框架都搭建好之后,再往框架里填入具体的人物。

　　举一个更简单的例子:针对"苹果砸在牛顿脑袋上"这件事,用面向过程和面向对象两种思路分别编程。

　　面向过程的思路是只需要写一个顺序结构,总共需两个步骤:第一步,苹果从树上落下;第二步,苹果砸在牛顿头上。

　　面向对象的思路则需要创建一个世界,然后为这个世界编写出"水果""人""时间"和"空间"四个类,再将苹果作为水果类的实例,将牛顿作为人的实例,将物体在不同时刻的空间坐标作为时空类的实例。然后呢?为每个实例输入各种初

始化的数据，让计算机去判定苹果的时空坐标与牛顿的时空坐标是否有重叠，以及在什么时刻和什么位置重叠。当重叠发生时，就表明苹果砸在了牛顿的头上。

所以很明显，面向过程是执行者的思维，就事论事，直来直去；面向对象是设计者的思维，把能归纳的事物都归纳起来，把能构造的方案都构造出来，后面的操作环节交给计算机去处理。

这两种编程思路各有利弊：面向过程的思路，其优势是思路简单，劣势是代码的重复利用性很低，适合编写小型程序；面向对象的思路，其优势是能设计出层次分明的框架，能为同一类别的大量任务提供统一的解决方案，能让代码的修改和维护变得相对简单，劣势是在编写简单、不太会被重复利用的脚本程序时，显得太麻烦。

Python 是面向对象的编程语言，但是却能编写面向过程的程序。本书前面几章的示例代码其实都在面向过程，因为它们大多是很小很简单的脚本程序。VB、Delphi、C++、Java、go、Rooby 也是面向对象的编程语言，同样能编写面向过程的程序。事实上，现在主流的编程语言都是面向对象的，但每一个初学者都是从面向过程的编程思路开始的，因为面向过程的思路最适合直来直去地解决简单问题。如果是专业程序员团队开发商业化的应用软件，主流的编程思路（或者叫"编程思想"和"编程范式"）一定是面向对象的。

也有程序员将编程思路分为四个派别，美其名曰"四种编程范式"。在这四种范式里，除了面向对象、面向过程，还有声明式编程和函数式编程。其中，声明式编程以大名鼎鼎的数据库语言 SQL 为代表，函数式编程以特别抽象、难学但最近几年又特别受追捧的 Lisp 语言为代表。还有一些程序员则争论说，声明式编程和函数式编程都属于面向对象，没必要单拎出来开宗立派。

对初学编程的读者来说，这种争论毫无意义。而什么才是有意义的呢？多看几本书，多写几行代码，多用编程方法解决几个实际问题，让自己更充实，让生活更美好，那才是真正有意义的事情。